Bauernhäuser in Niederbayern

Martin Ortmeier

Bauernhäuser in Niederbayern

Passavia

Meiner Mutter

Titelgestaltung: Andreas Ortmeier, Bamberg
Layout: Martin Ortmeier, Passau

Printed in Germany
Verlag Passavia Passau
Gesamtherstellung: Passavia Druckerei GmbH Passau
ISBN 3-87616-146-0

Inhalt

Vorwort

In den Freilichtmuseen Finsterau im Bayerischen Wald und Massing im Rottal entsteht seit wenigen Jahren ein Photo- und Planarchiv, das sich dem niederbayerischen Bauernhaus widmet. Material aus diesem Archiv und aus zahlreichen privaten und öffentlichen Archiven Niederbayerns und darüber hinaus wird in der Ausstellung „Bauernhäuser im Bild“ gezeigt, die am 24. Februar 1989 im Freilichtmuseum Finsterau eröffnet wurde und seitdem an verschiedenen Orten in Niederbayern zu sehen ist. Diese Ausstellung und der vorliegende Band über die Bauernhäuser in Niederbayern sollen die regionale Eigenheit des ländlichen Bauens in Erinnerung rufen, damit das, was davon noch erhalten ist, besser und engagierter bewahrt wird, und damit neue Bauten im ländlichen Raum mit mehr Rücksicht auf die örtliche Bautradition geplant und errichtet werden. Alte Photographien zeigen uns, wieviel bereits verloren gegangen ist. Sie führen uns aber auch vor Augen, wie sehr sich das bäuerliche Leben und Arbeiten in den vergangenen Jahrzehnten verändert hat.

Nicht alle Baudenkmäler können für immer bewahrt werden. Erhaltung und Neubelebung alter Häuser an ihrem angestammten Platz in möglichst großer Zahl, Übertragung in ein Freilichtmuseum in wenigen ausgewählten Fällen und Dokumentation in Aufmaßzeichnung, Wort und Bild sind die Mittel, mit denen wir dem drohenden Verlust unserer Baudenkmäler und damit unserer geschichtlichen Identität zu begegnen versuchen. Dieses Buch zeigt nicht nur die Verluste, sondern berichtet auch über die Erfolge, die gerade seit den letzten Jahren zu verbuchen sind.

Sebastian Schenk
Bezirkstagspräsident

Abriß der Siedlungsgeschichte Niederbayerns

Die Donau teilt Niederbayern in zwei sehr verschiedene Landschaften, das tertiäre Hügelland südlich der Donau, von der Hallertau bis zum Neuburger Wald bei Passau reichend, und den Bayerischen Wald nördlich der Donau, dessen Siedlungen nahe der böhmischen Grenze bis auf 1100 m ansteigen. Eine herausragende Rolle in der Besiedlungsgeschichte Niederbayerns spielten stets die fruchtbaren Täler der großen Flüsse Donau, Inn und Isar. Insbesondere der Gäuboden, die Kornkammer Südosteuropas, zählt zu den frühest besiedelten Räumen. Dessen Erträge und die blühende Eisenindustrie der Oberpfalz machten die wittelsbachischen Herzöge im Mittelalter zu bedeutenden Herrschern. Zu Niederbayern gehört heute auch ein kleiner Teil des Altmühljura bei Kelheim an der Donau und um Riedenburg. Der Landkreis Erding, ehedem zum Rentamt Landshut gehörig, ist heute ein oberbayerischer Landkreis.

Spuren vor- und frühgeschichtlicher Siedlungen wurden an den Hängen entlang der großen Flüsse Donau, Inn und Isar festgestellt. Auch die kleineren Flußtäler der Bina, Rott und Sulzbach u.a. scheinen während dieser Zeit bereits mit Weilern und kleinen Dörfern besetzt gewesen zu sein. Dieses Siedlungsnetz wurde zur Zeit der römischen Besatzung im Umgriff der Flüsse ausgebaut, wobei neben der romanischen Bevölkerung vermutlich zahlreiche germanische Bevölkerungsgruppen bestanden, die nach dem Zusammenbruch des weströmischen Reiches die Führung auch über die verbliebenen romanischen Gruppen übernahmen.

Der ländliche Raum Niederbayerns war ausschließlich landwirtschaftlich geprägt. Daß daneben, besonders in den Nachsiedelräumen, auch das nicht-zünftische Handwerk (hauptsächlich Schreiner) eine Rolle spielte, ist nur als Ergänzung und in funktionaler Abhängigkeit von den bäuerlichen Dörfern zu verstehen. Eine Existenz ohne landwirtschaftliche Grundlage war in früheren Jahrhunderten undenkbar.

Landwirtschaftliche Großbetriebe sind in Niederbayern, vom Dungau abgesehen, die Ausnahme. Die Bauern waren in meist drückender Abhängigkeit von ihren Grundherren (Kirche, Klöster, regionaler Adel).

Auch die Völkerwanderungszeit mit ihrer zum Teil gewaltsamen Landnahme konnte das römische Erbe nicht vollständig tilgen. Landnahme, Siedlungsverdichtung in den Altsiedelräumen und Landesausbau entlang den kleineren Flüssen und Bächen gingen nebeneinander her. Die auf -ing, -ham, -bach und -dorf endenden Ortsnamen zeigen das Vordringen der Neusiedlungen in das Innere des tertiären Hügellandes an. „Bis zum Ende des 9. Jahrhunderts (erscheint) Niederbayern südlich der Donau bandartig mit Siedlungsland durchzogen" (Haversath).

Nördlich der Donau setzte eine aktive Siedlungspolitik mit der Gründung der Klöster Metten, Niederalteich und Pfaffmünster im 8. Jahrhundert ein. Diese Aktivitäten brachen jedoch nach 900 ab. Sie wurden im 10. und 11. Jahrhundert von weltlichen Grundherrn fortgeführt. Die Grafen von Bogen und ihre Ministerialen, die Grafen von Windberg und von Hals und die Griesbacher legten Siedlungen im donaunahen Vorwald an.

Im 12. und 13. Jahrhundert kam es zu einer Reihe von planmäßigen Rodungssiedlungen im Inneren des Bayerischen Waldes bis zu einer Höhe von 600 bis 700 m. Das Kloster Niederalteich und der Bischof von Passau waren neben weltlichen Grundherrn maßgeblich an dieser Rodungskolonisation beteiligt. Die neuen Siedlungen wurden bevorzugt in Form von Angerdörfern angelegt, denen eine regelmäßig aufgeteilte Flur zugeordnet ist. „Großarmschlag (677 m, Stadt Grafenau) stellt, da es bis heute nur wenig verbaut ist, ein Musterbeispiel für ein um eine Quellmulde planmäßig angelegtes Angerdorf dar" (Struck).

Bereits im 10. bis 12. Jahrhundert fand im tertiären Hügelland südlich der Donau eine Binnenkolonisation statt: Das Hügelland zwischen den Flußtälern wurde mit Einzelhöfen oder – in Teilregionen – mit Rodungsdörfern durchsetzt. Die auf -ed, -reut, -aich, -loh oder -stock endenden Ortsnamen belegen den ersteren Siedlungstyp, die auf -kofen endenden den letzteren. Der Landkreis Rottal-Inn zählt heute zu den einödreichsten Regionen Bayerns, eine Tatsache, die in diesem Siedlungsvorgang begründet liegt. Anders als die Streusiedlung Schwimmbach, von der weiter unten noch die Rede sein wird, und die sogenannte Neue Welt im Bayerischen Wald an der Grenze zu Österreich sind diese Einzelhöfe in den meisten Fällen mit reichlich Grund für eine selbständige Landwirtschaft ausgestattet.

Am Ausgang des Mittelalters kam es an den Rändern der bestehenden Siedlungen, bzw. an den Grenzen ihrer Flur zur Bildung von Dörfern und Streusiedlungen auf meist geringerwertigen Böden und mit geringer Flächenausstattung der einzelnen Besitze. Diese Siedlungen am Rand des erneut zurückgedrängten Waldes tragen in vielen Fällen den Namen Holzhäuser. Der „Landshuter Erbfolgekrieg" von 1504/1505, der die Herrschaftsverhältnisse in Bayern wesentlich veränderte, setzte der Siedlungstätigkeit in unserem Untersuchungsraum ein vorläufiges Ende. Nur in den höheren Regionen des Bayerischen Waldes gab es in der Neuzeit noch größere Siedlungsmaßnahmen.

Im 17. und 18. Jahrhundert wurde durch die Bischöfe von Passau auch der hintere Bayerische Wald in Höhen über 800 m durch Siedlungen erschlossen. Mit Schwendreut und Leopoldsreut wurde 1618 diese Siedlungsepoche eingeleitet. Beide Orte sind jedoch im 20. Jahrhundert wieder wüst gefallen. Einzig Herzogsreut, ebenfalls

Großarmschlag (Stadt Grafenau, Lkr. Freyung-Grafenau)
„Das Ensemble Großarmschlag stellt ein Musterbeispiel für ein um 1300 planmäßig angelegtes Angerdorf dar" (Denkmäler in Bayern). In einer südlichen und einer nördlichen Zeile wurden je 10 Bauernanwesen angelegt. Im großzügigen Anger lagen der Dorfweiher, ein gemeinschaftliches Hirtenhaus, die Backöfen und Brunnen. Hinter den Höfen erstreckten sich in langen Streifen die Hofäcker. Ein Ortsbrand zerstörte 1914 die gesamte historische Bausubstanz.

Altenstein Aecker
Großarmschlag
Scheibenfeld
Hofäcker

1618 gegründet, hat sich erhalten. Mit Orten wie Finsterau (1704), Firmiansreut (1764) und Auersbergsreut (1786) wurde nun die böhmische Grenze erreicht. Diese Siedlungen wurden planmäßig als sogenannte Waldhufendörfer angelegt, bei denen die Hauptfluren in bis zu 4 km langen Besitzstreifen hinter den an einer Straße aufgereiten Hausstellen angelegt sind. Die Landwirtschaft allein konnte die Neusiedler nicht ernähren. Nebenerwerb im Straßenbau und im Forst sicherte das Auskommen und diente außerdem dem Landesherrn zur Inwertsetzung seines Landes.

Ab 1668 wurde die sogenannte Neue Welt bei Wegscheid besiedelt. Bischof Wenzeslaus Graf von Thun verlieh im Wald an ausgewählte Siedlungswillige blockartige Flächen zur Rodung. Die dadurch entstandenen Streusiedlungen unterscheiden sich deutlich von den planmäßig angelegten Waldhufendörfern des Wolfsteiner Landes. Auch hier war zur Landwirtschaft eine gewerbliche Tätigkeit nötig. Da für Flachsanbau das Klima des Bayerischen Waldes günstig ist, spielte besonders die Leinweberei eine bedeutende Rolle.

Im frühen 19. Jahrhundert, im Anschluß an die Säkularisation der Kloster- und Kirchengüter, wurden noch einmal neue Siedlungen angelegt. Bis dahin zusammenhängende Wälder auf den Höhen des tertiären Hügellandes im Süden Niederbayerns wurden an vermögende Bürger verkauft. Die neuen Besitzer „zertrümmerten" die Flächen in kleine Besitzstücke von 1 bis 3 ha und verkauften diese an bisher landlose Tagelöhner. So entstanden in Schwimmbach (Gde. Leiblfing, Lkr. Straubing-Bogen), Forsthart (Gde. Künzing, Lkr. Deggendorf), Pleckenthal (Stadt Vilshofen, Lkr. Passau) und an anderen Stellen Siedlungen, die von den umliegenden Bauerndörfern anfänglich gemieden und deren Bewohner von der bäuerlichen Bevölkerung nicht als gleichberechtigt angesehen wurden. Die landwirtschaftlichen Flächen waren zu gering, für Gewerbe aber waren die Standorte zu ungünstig. In Schwimmbach hat sich ein Bauernhaus aus dieser Siedlungszeit erhalten, ein zweites wurde 1986 abgebrochen, jedoch zuvor durch das Freilichtmuseum Massing aufgemessen.

Danach waren in Niederbayern keine Flächen mehr zur Verfügung, die für landwirtschaftliche Siedlungen geeignet gewesen wären. Die Siedlungsverdichtung in den Altsiedelräumen war längst an ihre Grenzen gelangt, so daß für Besitzlose nur noch Abwanderung in die Großstadt oder Auswanderung nach Amerika oder Australien möglich war. Erst die Weimarer Republik eröffnete wieder Siedlungsmöglichkeiten: In Ostdeutschland wurde auf der Basis des Reichssiedlungsgesetzes vom 11. August 1919 Land der Großgrundbesitzer an Bauern und landarme Bevölkerungskreise verteilt. Von 1919 bis 1932 wurden 60000 neue Bauernstellen im Osten des Deutschen Reiches eingerichtet. Auch junge Niederbayern haben damals im Osten Siedlerstellen erhalten. Im Dritten Reich kam diese Landverteilung zum Erliegen. Die während des Zweiten Weltkriegs gewaltsam angeeigneten Siedlungsstellen in Polen und Rußland hatten über 1945 hinaus ebensowenig Bestand wie der ostdeutsche Großgrundbesitz.

Leopoldsreut (Lkr. Freyung-Grafenau)
1618 wurden vom Passauer Fürstbischof die Orte Schwendreut, Leopoldsreut und Herzogsreut als Waldhufendörfer neu angelegt. Leopoldsreut und Schwendreut sind inzwischen wieder abgesiedelt.

Die Entwicklung des Bauernhauses in Niederbayern

Das älteste datierte Bauernhaus in Niederbayern stammt aus dem Jahr 1611: das Freilinger Häusl aus dem Rottal. Das Erbauungsdatum ist sowohl durch Inschrift als auch durch Jahresringdatierung des Bauholzes gesichert. Dieses kleine Holzhaus, das nur durch eine Reihe glücklicher Zufälle erhalten geblieben ist, ist in Blockbauweise errichtet. Die Technik des Kantholzblockbaus, die bis weit ins 19. Jahrhundert angewendet wurde, ist bei diesem Bauernhaus in allen Teilen voll ausgebildet: Auf einem geschlossenen Eichenschwellenkranz, der an den Ecken kräftige Vorköpfe besitzt, sind die Wände aus vierkant behauenen Fichtenbalken aufgezimmert. Die Ecken sind sorgfältig verzinkt, auf überstehende Vorköpfe ist verzichtet. Alle Innenraumwände sind mit den Außenwänden in einem durchgehenden Kastenverband, die Deckenbalken des Erdgeschosses sind an der Giebelseite über die Blockwand vorgezogen und dienen so als Auflager für einen Schrot vor dem Obergeschoß, das bereits voll ausgebildet ist. Das Dach war wohl von Beginn an für Legschindeldeckung vorgesehen. Die Fenster wurden im Verlauf der Jahrhunderte mehrmals vergrößert, aber an einer Stelle haben sich deutliche Spuren der durch Schubläden verschließbaren kleinen Fenster erhalten. Das Gebäude ist giebelseitig durch eine Tür erschlossen, die in einen Flur, die Flez, führt, der entlang der einen Traufseite verläuft. Nach dieser Anordnung der Flez wird der Haustyp, dem das Freilinger Häusl angehört, als Seitenflurhaus bezeichnet. Neben der Flez sind Stube und Küche hintereinander angeordnet; die Stube blickt mit je zwei Fenstern nach zwei Himmelsrichtungen. Hinter der Küche liegt der Stall, der sich bei verwandten Hausformen auch neben der Flez, also gegenüber von der Stube an der Giebelseite befinden kann. Das Seitenflurhaus und das ihm ähnliche sogenannte Rottaler Bauernhaus wurde bis ins 19. Jahrhundert in dieser Region gebaut. Die beschriebenen Charakteristika des Freilinger Häusls sind wohl alle Errungenschaften des Mittelalters, an dessen Beginn ein ungegliedertes Hallenhaus in Pfostenbauweise stand.

Bauernhäuser aus der Zeit vor dem Dreißigjährigen Krieg sind nicht allein in Niederbayern, sondern in ganz Mitteleuropa eine Seltenheit. Das Haus aus Höfstetten, einer Ortschaft zwischen Ansbach und Nürnberg, das bei seiner Übertragung ins Freilandmuseum Bad Windsheim mit Hilfe der Dendrochronologie auf 1367/68 datiert wurde, ist das älteste bekannte Bauernhaus unseres Kulturraums. Daß das Freilinger Häusl als erhaltenswertes Baudenkmal erkannt wurde, ist dem baugeschichtlichen

Interesse einiger Architekturstudenten zu verdanken. 1981 wurde das Haus als Übungsobjekt aufgemessen und 1983 in die Denkmalliste nachgetragen. Als 1986 alle Bemühungen des Besitzers und des Bayerischen Landesamts für Denkmalpflege um eine dauerhafte Erhaltung des Hauses vor Ort gescheitert waren, wurde es vom Freilichtmuseum Massing für eine Übertragung erworben. Das Blockbaugefüge des Erdgeschosses und des Obergeschosses und die gemauerte Herdstelle mit dem darüber aufgebauten Kamin wurden unzerlegt übertragen, so daß wesentliche Mauerteile und die Lehmputze der Innenräume erhalten geblieben sind.

Der Hausforscher Torsten Gebhard hat 1951 aus der im 8. Jahrhundert entstandenen „Lex Baiuvariorum" Aussehen und Gefüge des bayerischen Bauernhauses im frühen Mittelalter rekonstruiert. Es handelte sich demnach um ein Hallenhaus, dessen statische Konstruktion auf eingegrabenen Pfosten beruhte. Die niedrigen Außenwände bestanden aus lehmverfülltem Flechtwerk, das weit herabgezogene Walmdach war mit langhalmigem Stroh eingedeckt.

Wie das Bauernhaus in Niederbayern im späteren Mittelalter und in der frühen Neuzeit ausgesehen hat, können wir aus einer Serie von 40 Aquarellen ablesen, die um 1620/30 in der Grafschaft Ortenburg westlich von Passau entstanden sind. Es muß natürlich offen bleiben, wie weit die Erkenntnisse, die wir aus diesen Bildquellen ziehen, auf weitere Landstriche Niederbayerns übertragen werden können. Da der Besitz der Grafen von Ortenburg z. T. verstreut war, gewinnen wir auch ein Bild vom Aussehen der Siedlungen in der Dingolfinger Gegend, dem Rottal und dem Innviertel. Graf Casimir von Ortenburg hat in diesen Aquarellen seinen Besitz bildlich festgehalten und mit Genreszenen aus Jagd und bäuerlicher Arbeit belebt. Es ist anzunehmen, daß in dieser Zeit, wie heute auch, Häuser verschiedenen Alters gleichzeitig nebeneinander bestanden haben. Wir sehen auf den Bildern Häuser mit dem allseits tief herabgezogenen Strohdach, wie es die „Lex Baiuvariorum" für das frühe Mittelalter beschreibt und wie es Albrecht Dürers Werk auch für das Nürnberger Land um 1500 belegt. Daneben bestehen Gebäude, deren Giebelseite aus einer ausgefachten Ständerkonstruktion besteht: eine einfache Form des Fachwerks. Häufig sind Häuser mit einer senkrechten Verbretterung zu erkennen, wobei Wohn- und Wirtschaftsbauten sich nicht eindeutig unterscheiden lassen. Hinter den Brettern ist eine Ständerkonstruktion zu vermuten. Gelegentlich mag auch damals bereits ein Blockbau an der Wetterseite mit einem Bretterverschlag versehen worden sein. Lehm-Flechtwände und Ständerbohlenwände wurden wohl gleichermaßen verwendet.

Neben kleinen Weilern sind auch die Hauptorte der Grafschaft, Ortenburg selbst und einige Kirchdörfer, abgebildet. Dort sind einzelne Massivbauten, also gemauerte und offenbar verputzte Häuser zu erkennen. Sie beherbergten gewiß die wohlhabenderen Untertanen der evangelischen Grafschaft. Es sind aber auch eine Anzahl

Freiling (Gde. Wurmannsquick, Lkr. Rottal-Inn)
Das Häusl aus Freiling von 1611 ist das älteste datierte Bauernhaus in Niederbayern. Nachdem es jahrelang leerstand, wurde es 1988 ins Freilichtmuseum Massing übertragen. Das zweistöckige Haus ist fast ganz in Blockbau errichtet. Stube und Flez nehmen die ganze Breite des Hauses ein.

von Blockbauten dargestellt. In den folgenden Jahrhunderten spielte diese Bauweise eine wesentliche Rolle. Wir nehmen deshalb an, daß sie in der Entstehungszeit der Aquarelle im frühen 17. Jahrhundert – abgesehen vom Massivbau – die fortschrittliche Bauweise war. Neben dem Freilinger Häusl aus dem Rottal besitzen wir also in den Aquarellen Casimirs von Ortenburg einen zweiten Beleg für die Verbreitung des Blockbaus im niederbayerischen Raum. Aus den Jahrzehnten nach dem Dreißigjährigen Krieg sind dann bereits einige inschriftlich datierte Holzhäuser erhalten: z. B. Unterkanetsberg (1696?, Gde. Bernried, Lkr. Deggendorf), Guglmucken (1628 oder 1698, Gde. Falkenberg, Lkr. Rottal-Inn), Pfarrhof in Gundlkofen (1677, Gde. Bruckberg, Lkr. Landshut). Bis weit ins 19. Jahrhundert war der Blockbau die wichtigste Bautechnik im bäuerlichen Bereich. Weil für einen Blockbau große Mengen an Bauholz nötig waren, wurde vom Grund- und Landesherrn immer wieder der Bau gemauerter Häuser propagiert. Aber erst im 18. Jahrhundert setzte sich ein gemauertes Erdgeschoß bei Neubauten mehr und mehr durch. Nebengebäude, insbesondere die Städel, wurden jedoch stets bevorzugt in Ständerbauweise errichtet. Die kunstvollen Bundwerkstädel des 19. Jahrhunderts stellen in Südostbayern den Höhepunkt der Entwicklung dieser Bautechnik dar. Blockbaustädel hat es daneben aber auch in einer nicht geringen Zahl gegeben. Im Bayerischen Wald ist das Bundwerk kaum über das Zweckdienliche hinaus gepflegt worden; wegen der Bewitterung blieb es stets hinter einer Bretterverschalung verborgen.

Gebhard (Der Bauernhof in Bayern) vermutet, „daß der gesamte niederbayerische Raum einst vom Steildach beherrscht war und die flachgeneigten Dächer eine Neuerung, vermutlich des 16. Jahrhunderts, darstellen, die bevorzugt beim Wohnbau auftreten". Der Landshuter Raum, die Hallertau, die Getreidegegend um Straubing und der Grenzbereich zu Böhmen blieben bis zum Ende des regionalspezifischen Bauens vom Steildach dominiert.

In den neuzeitlichen Siedlungen des Abteilandes, auf die Gebhard hinweist, Leopoldsreut z. B., aber auch Jahrzehnte später in Firmiansreut, wurden offenbar ausschließlich flach geneigte Dächer gebaut. Wir nehmen an, daß der Mangel an Stroh, das zur Steildachdeckung erforderlich war, den Grundherrn zu einer entsprechenden Vorschrift für diese hoch gelegenen Ortschaften veranlaßte. Wir dürfen ja nicht vergessen, daß Stroh im Winter gehäkselt an die Tiere verfüttert wurde. Zur Einstreu wurde Laub verwendet.

Ein wichtiges Bauelement am niederbayerischen Bauernhaus – und natürlich weit über diesen Raum hinaus – ist der Schrot, eine Art Balkon vor den oberen Stockwerken, der möglichst unter dem weiten Dachüberstand vor Schnee und Regen geschützt war. Die Ortenburger Aquarelle zeigen, daß er durchaus nicht an allen Häusern anzutreffen war. Man kann auch nicht annehmen, daß er bei vielen Gebäuden an den vom Betrachter abgewand-

Maierhof (Gde. Aldersbach, Lkr. Passau)
Mitten im Dreißigjährigen Krieg hat Graf Friedrich Casimir von Ortenburg seine Besitzungen in 40 Aquarellen festgehalten. Verschiedene Haustypen und Dachformen bestanden auch im 17. Jahrhundert nebeneinander. Bei dem Hof in der Bildmitte sind sehr deutlich Wohnteil, Stadel und Stall unterschieden.

ten Seiten gewesen wäre, da er natürlich nur an einer besonnten Seite, also nach Osten, Süden oder Westen, sinnvoll war und deshalb entweder gar nicht oder häufig auf den Bildern zu sehen sein müßte. Darf man aus dem Gebäudebestand, der in den Ortenburger Aquarellen abgebildet ist, schließen, daß auch dieses Element des Bauernhauses eine Entwicklung des Mittelalters war, die sich erst in den folgenden Jahrhunderten vollkommen durchsetzen sollte?

Der Schrot war ein Wirtschaftsraum mit einem speziellen Aufgabenfeld. Er diente als luftiger Lager- und Trokkenraum für Flachs, Schindel, Bettfedern und vieles mehr und war häufig Aufstellungsort für Bienenkörbe und -kästen. Im 18. und 19. Jahrhundert war der Schrot an einem Bauernhaus obligatorisch. Vom einfachen Stangenschrot, bei dem ein schlanker Vierkantbalken zur Sicherung diente, reicht die Palette bis zu Schroten mit kunstvoll gesägten Brüstungsbrettern und gedrechselten Stangen. Beim Rottaler Bauernhaus und bei großen Bauernhäusern im Umkreis von Deggendorf sind bis zu drei übereinander angeordnete Schrote anzutreffen. Im ausgehenden 19. Jahrhundert verkümmerte der Schrot zum bürgerlichen Balkon, der lediglich noch Schmuck- und Repräsentationsbedeutung besaß.

Wann haben sich jedoch regional unterschiedliche Hausformen in Niederbayern herausgebildet? Der aktuelle Stand der Hausforschung in Niederbayern erlaubt auf diese Frage keine Antwort. Aus einer Bildquelle des ausgehenden 18. Jahrhunderts wissen wir jedoch zumindest für eine Region genauer Bescheid: die Ortschaft Martinsbuch nördlich von Dingolfing. Zu diesem Zeitpunkt hat die Differenzierung bereits stattgefunden, die wir aus dem erhaltenen Denkmälerbestand geschlossen haben. Der übereck laufende Schrot – an zwei Seiten eines meist zweistöckigen, traufseitig erschlossenen und mit einem Legschindeldach eingedeckten Hauses – bestimmt das Bild des Ortes Martinsbuch und der umliegenden Ortschaften, wie sie Pfarrer Franz Xaver Prechtl in seinem Hausbuch aus den Jahren 1785 bis 1795 detailliert dargestellt hat. An kleineren, eingeschossigen Bau-

◁◁ Auersbergsreut (?) (Gde. Haidmühle, Lkr. Freyung-Grafenau)
Der Schrot war ein wichtiger Wirtschaftsraum am Bauernhaus. Die Abbildung zeigt einen Siebmacher, der die geschnittenen Zargen zum Trocknen auflegt. Auersbergsreut, gegründet 1786, war eine der letzten Neusiedlungen im Bayerischen Wald.

◁ Finsterau, Freilichtmuseum (Gde. Mauth, Lkr. Freyung-Grafenau)
Der Petzi-Hof aus Pötzerreut (Gde. Röhrnbach, Lkr. Freyung-Grafenau) wurde 1984 bis 1988 ins Freilichtmuseum Finsterau übertragen. Die Sorgfalt und Genauigkeit, mit der alle sieben Gebäude des Hofes versetzt wurden, gilt als vorbildlich. Torbau, Austragshaus, Wohnspeicherhaus, Stallgebäude, Stadel und Inhaus bilden einen engen, geschlossenen Vierseithof, wie er im Bayerischen Wald häufig anzutreffen ist.

Martinsbuch (Gde. Mengkofen, Lkr. Dingolfing-Landau)
1793 hat Pfarrer Franz Xaver Prechtl seine Pfarrei Martinsbuch in Wort und Bild in einem umfangreichen Hausbuch beschrieben. Jedes Anwesen seiner Pfarrei ist in einer aquarellierten Zeichnung dargestellt. Das vorliegende Bild zeigt das Wirtsanwesen des Ferdinandus Miller: Das zweistöckige Haupthaus ist nach Prechtls Angabe „von Holz gezimmert". Der verputzte Blockbau besitzt an der Traufseite einen Schrot, das Dach ist legschindelgedeckt. Dargestellt ist der ganze Hof mit Hausgarten, Bienenhaus, Backofen und Wassergrand. Die Nebengebäude, ein Stadel mit eingebautem Stall und ein Schlachthaus mit Schaf- und Schweinestall sind strohgedeckt.

N XIII. Martinsbuch

ernhäusern ist dagegen nur eine Giebellaube zu sehen. So stellt sich auch heute noch diese Region in ihren überkommenen bäuerlichen Baudenkmälern dar.

Im Bildteil sollen die verschiedenen „Hauslandschaften“ Niederbayerns anhand von historischen Photos und aktuellen Photoaufnahmen bäuerlicher Baudenkmäler schärfer charakterisiert werden. Als Hauslandschaft wird allgemein ein geographisch mehr oder weniger exakt abgegrenzter Raum bezeichnet, der sich durch eine spezielle Hausform auszeichnet. Der zeitliche Wandel, das heißt die Veränderungen im Hausbau im Verlauf der Zeit bleiben dabei weitgehend unberücksichtigt. Man abstrahiert aus dem aktuellen und dem durch Bildbelege bekannten Bestand alter Häuser einen regionsspezifischen Haustyp. Wie sich verschiedene Haustypen zeitlich und räumlich überlagern, zeigt sehr deutlich der Baubestand des Rottals, mit Stockhaus, Rottaler Bauernhaus, Seitenflurhaus und Mittertennhaus, und auch der des Bayerischen Waldes. Manche Haustypen werden verschiedenen wirtschaftlichen Bedürfnissen angepaßt, andere Haustypen, etwa das Mittertennhaus, sind in Niederbayern nur bei Bauernhöfen einer bestimmten Wirtschaftsgröße anzutreffen. So wenig genau ein Haustyp in der Regel abgegrenzt werden kann, vom Stockhaus einmal abgesehen, so evident ist andererseits jedes einzelne Bauwerk in seiner regionalen Zugehörigkeit. Dem erfahrenen Hausforscher gelingt es in der Regel sehr zuverlässig, unbekannte Häuser auf alten Photographien einer Region zuzuweisen. Als im Frühjahr 1989 mit Hilfe einer Regionalzeitung eine Anzahl unbekannter Photographien aus dem Stadtarchiv Passau durch Leser identifiziert wurde, bestätigten sich ohne Ausnahme die zuvor vorgenommenen Zuschreibungen.

Im 19. Jahrhundert trat der Massivbau auch im bäuerlichen Niederbayern seinen Siegeszug an. Südlich der Donau, wo Lehm zum Brennen von Ziegeln verfügbar war, ist vorwiegend blanker oder verputzter Ziegelbau anzutreffen, im Bayerischen Wald haben Feld- und Bruchsteinmauerwerk das Bild der Hauslandschaft nachhaltig geprägt. Besonders der nördliche Landkreis Passau und der Landkreis Freyung-Grafenau weisen zahlreiche Häuser auf, die aus dem Granit erbaut wurden, der in den Feldern und Wäldern der Umgebung zur Verfügung stand.

In den zwanziger und dreißiger Jahren des 20. Jahrhunderts taucht dann vielerorts noch ein Haustyp auf, der gelegentlich als großdeutsch bezeichnet wird. Die regionalen Hausformen wurden dabei mit Fachwerk kombiniert, wie es aus dem fränkischen Raum als traditionell, spezifisch deutsch und darum vorbildlich entlehnt wurde.

Zenting (Lkr. Passau)
Ein Passauer Photograph hat um 1920 die eisstockschießenden Kinder auf der Dorfstraße von Zenting photographiert. Die Eisstöcke wurden von einem „Holzbitzler“ am Ort gefertigt.

Leben und Arbeiten auf dem Bauernhof

Der Bauernhof war eine kleine Welt. Fast alles, was der tägliche Bedarf einer bäuerlichen Familie samt Dienstboten und Austräglern erforderte, wurde am eigenen Hof erzeugt. Nur die spezialisierten Arbeiten des Schreiners, Hafners oder Schmieds und die Dienstleistungen von Kirche, Notar und Apotheker nahm der Bauer im Kirchdorf, im Markt oder in der Stadt in Anspruch. Jahrhundertelang war es das oberste Ziel des Bauern, einen möglichst hohen Grad der Selbstversorgung zu erreichen. Deshalb gab es auf jedem Hof eine große Vielfalt an Nutztieren: Milch-, Mast-, Feder- und Zugvieh. Deshalb gehörte zum bäuerlichen Jahr stets auch die Arbeit im Wald, aus dem der Hof Brenn- und Bauholz bezog. Dazu kam die Erledigung einfacher handwerklicher Arbeiten, die Pflege eines Obst-, Gemüse- und Kräutergartens und die Verwertung von Flachs und Wolle. Bargeld wurde durch Holzverkauf und den Verkauf von Getreide auf dem Markt erworben. Daneben war Pferde- und Rinderzucht durchwegs ein einträgliches Geschäft, das jedoch genügend Weidefläche und Anbaufläche für Futtergetreide erforderte. Milchwirtschaft diente fast ausschließlich dem eigenen Bedarf.

Freizeit und Arbeit waren ebensowenig getrennt wie Wohn- und Arbeitsraum. Die Arbeit war körperlich hart, aber sie war nicht entfremdet. Fast jede Betätigung hatte ihren unmittelbar durchschaubaren Wert für die Lebenshaltung des bäuerlichen Betriebs. Auch die sozialen und wirtschaftlichen Kontakte im Dorf und in der engeren Region hatten ihren meist nachvollziehbaren Zweck. Manche Arbeiten konnten nur in der Dorfgemeinschaft ökonomisch erfüllt werden, etwa das Halten der Zuchttiere, außerdem wurden Dienstboten und Heiratskandidaten fast ausnahmslos aus der näheren Umgebung herangezogen. Alle Lebensäußerungen waren zudem eingebunden in eine stets wirksame Religiösität, die sich vom Tischgebet über den oft weiten, aber als Freizeit genossenen Kirchgang bis zum gebräuchlichen Fluchen in einer Vielzahl von alltäglichen Formen ausdrückte.

Brauchtum und Arbeit im jahreszeitlichen Wechsel sollen im folgenden an einigen ausgewählten Photographien angedeutet werden, um dem Eindruck vorzubeugen, Bauernhäuser wären in einem sozialfreien Raum als gleichsam abstrakte Architekturgebilde entstanden. Ständisches Bewußtsein drückte sich beim Bauern wie bei anderen Ständen in Tracht und Bräuchen aus. Ein großer Teil davon ist längst verloren. Im Gegensatz zu den zünftischen und anderen bürgerlichen Bräuchen erfahren

Tracht und Brauch der Bauern eine breite retrospektive Pflege und politische Förderung.

Zentrum des Bauernhauses war die Stube und darin wiederum der Stubentisch mit dem Herrgottswinkel und der Herd. Am großen viereckigen Stubentisch waren die Plätze nach einer meist strengen Sitzordnung verteilt, wenngleich aus einer gemeinsamen Schüssel gegessen wurde. Im fortgeschrittenen 19. Jahrhundert wurde aber bei manchen großen Bauern ein zweiter Tisch in die Stube gestellt, der dem Bauern und seiner Frau vorbehalten blieb. Für Niederbayern ist dieser Fall u.a. beim Petzi-Hof belegt, dessen Übertragung ins Freilichtmuseum Finsterau 1988 abgeschlossen wurde. Durch die Übertragung dieses Vierseithofes wurde ein bäuerliches Denkmal von herausragender Bedeutung und Geschlossenheit dem sicheren Verfall entzogen. Der funktionelle, soziale und historische Zusammenhang der einzelnen Gebäude eines großen Bauernhofes ist an diesem Hof auf Dauer beispielhaft nachzuvollziehen: Wohnhaus, Austrags- und Inhaus, Stadel, Kuh-, Schaf- und Ochsenstall, Backofen, Hühnerhaus und Taubenschlag. Durch Ganzteilübertragung wurde im Haupthaus eine enge, rußige Rauchkuchel im Original erhalten.

Die Rauchkuchl war ein wesentlicher Bestandteil des niederbayerischen Bauernhauses, seit im Mittelalter die rauchfreie, durch einen geschlossenen Ofen erwärmte Stube eingeführt worden war. Diese, soweit wir wissen, stets gemauerte Stelle, enthielt den Herdtisch, über dem seit der frühen Neuzeit ein Kamin errichtet wurde. Ihr Ort im Hausgrundriß war gewöhnlich in Nachbarschaft zur Stube, häufig in der Flez. Die Geschichte des Herdes und des Ofens in Niederbayern kann nicht mehr geschrieben werden (vgl. Ortmeier). Vereinzelte Photographien, Bauaufmaße und Skizzen oder archäologische Belege, die zutage treten, können nicht mehr die großen Lücken schließen, die der Bestand an alten Öfen in Niederbayern und schriftlichen Quellen darüber aufweist. Nur die Sesselöfen, die im 19. Jahrhundert in unserem Raum offenbar sehr beliebt waren, sind besser belegt. Für einen Hinterladerofen, der in Oberbayern, aber auch in der Ober-

◁◁ St. Oswald (Gde. St. Oswald-Riedlhütte, Lkr. Freyung-Grafenau)
Um 1920 wurde dieser sogenannte Kammerwagen beim Pausenhof in St. Oswald photographiert. In einem öffentlichen, vielbeachteten Umzug wurde das Brautgut bei einer Heirat zum Anwesen des Bräutigams gefahren. Der Brautvater steht bei der Kuh, die als wertvoller Besitz zu einer guten Brautausstattung gehörte.

◁ Der Sesselofen ist ein Vorderlader, bei dem ein Kochherd und ein gekachelter Wärmeofen kombiniert sind. Einige Öfen dieses einst sehr beliebten Typs sind in Niederbayern noch erhalten.

Auch 1963, als diese Aufnahme entstand, gab es noch vereinzelt Bauern im Bayerischen Wald, die mit Ochsen- oder Pferdegespann ackerten.

pfalz mehrfach nachgewiesen ist, gibt es in Niederbayern (vom Altmühl-Jura abgesehen) bisher nur einen einzigen Nachweis, im sogenannten Freilinger Häusl (Gde. Wurmannsquick, Lkr. Rottal-Inn; jetzt Freilichtmuseum Massing). Eine besondere Form sind die Obernzeller Rundöfen aus meist graphitiertem Ton, die jedoch reine Wärmeöfen sind, im Gegensatz zum Sesselofen, der zugleich als Kochherd und Wärmeofen diente. Auch das Rottal hatte – zumindest im 19. Jahrhundert – eine eigenständige Ofenform, zusammengesetzt aus keramischen Platten und Röhren (vgl. Ortmeier). Erhaltene offene Herdstellen sind im bäuerlichen Niederbayern nur drei bekannt, alle stehen inzwischen in einem Museum: Je eine wurde unzerlegt in die Freilichtmuseen Finsterau und Massing (Petzi-Hof und Freilinger-Häusl) übertragen, die dritte steht im Schraml-Haus in Freyung, wo auch ein gekachelter Sesselofen im Original erhalten ist.

Ideal einer bäuerlichen Familie sind die kinderreichen Bauerseheleute, denen ein rüstiges Austräglerpaar zur Seite steht. Wenn man jedoch Hartingers statistische Forschungen zu Rate zieht und wenn man alte Familienphotographien betrachtet, muß man feststellen, daß dies stets die Ausnahme war. Erst wenn ein Elternteil tot war, wurde der Hof dem Nachfolger übergeben und dann erst konnte dieser heiraten. Auf den Photographien läßt sich ein legitimes Kind der Bauersleute von minderjährigen Geschwistern des Bauern, halbwüchsigen Dienstboten und ledigen Kindern unverheirateter Schwestern des Bauern durchaus nicht unterscheiden. Die hohe Sterblichkeit der Frauen im Kindsbett, der Kinder durch Krankheit und Unfall machten die oft zitierte acht- und zwölfköpfige Kinderschar zum Einzelfall. Ihr Ruhm hat ideologische Ursachen.

Grafling (Lkr. Deggendorf)
„Waldbauernhof in Grafling" hat der Photograph um 1930 auf das Glasplattendia geschrieben. Das abgebildete Wohnstallhaus, das heute nicht mehr besteht, ist wohl um 1800 entstanden. Der an zwei Gebäudeseiten entlanglaufende Schrot hat gedrechselte Baluster.

Alte Bauernhäuser in Niederbayern

Der Denkmälerbestand an bäuerlichen Bauten stammt in Niederbayern fast ausschließlich aus dem 18. und 19. Jahrhundert. Nur wenige Bauernhäuser haben sich aus der Zeit vor 1700 erhalten. Unter den verbliebenen Baudenkmälern haben besonders die rasante wirtschaftliche Entwicklung der vergangenen Jahrzehnte und die Technisierung in der Landwirtschaft viele Opfer gefordert. Eine regional spezifische ländliche Bauform wurde abgelöst durch eine vorstädtische, die zwischen Flensburg und Wegscheid nur unwesentlich Unterschiede aufweist.

In Bayern wie in anderen Bundesländern bewahrt das Gesetz zum Schutz und zur Pflege der Denkmäler seit 1973 auch die weniger bedeutenden Baudenkmäler der profanen Architektur. Besonderen Schutz erfahren nun also auch die ländlich-bäuerlichen Bauten, die zuvor nur in wenigen Ausnahmefällen gewürdigt worden waren, und zwar nicht allein die Wohnhäuser, sondern die landwirtschaftlichen Nebengebäude gleichermaßen. Dennoch gehen weiterhin jedes Jahr viele dieser geschützten Objekte verloren, sei es durch Abbruch, sei es durch tiefgreifende Sanierung. Dabei sind ja gerade auch die Unzulänglichkeiten eines Baudenkmals das, was seinen historischen Reiz ausmacht: Patina, Umbauspuren, scheinbar Nutzloses, Unbequemes und Fremdes vermitteln uns anschaulich eine Erfahrung von Zeit und Vergänglichkeit. Erst die wahrnehmende Auseinandersetzung mit diesen Spuren macht uns Vergangenheit lebendig und gibt uns dadurch einen unmittelbaren Bezug zur Heimat. Die beste Replik kann uns diese Erfahrung am Denkmal nicht ersetzen. Die beste Theorie über den Wert der Heimat kann uns das Heimatgefühl nicht ersetzen, das uns anrührt, wenn wir uns mit den Spuren unserer Vorfahren auseinandersetzen: Heimat nicht als unser ewiger Besitz, sondern als der durch tausendfältige Bekanntheit ausgezeichnete Ort unseres Daseins, der uns persönliche Identität vermittelt und Bestandteil unserer kulturellen Identität ist.

Die landwirtschaftlichen Nebengebäude sind ebenso wie alte Industriebauten in besonderem Maße vom Abbruch bedroht. Alte, enge Stallungen, Städel mit niedrigen Tennentoren, Getreidekästen, Wagenschupfen und Dörrhäuser werden nicht mehr instand gehalten, weil sie nicht mehr gebraucht werden und für eine neue Nutzung ungeeignet sind, weil sie aber im Verband der Hofgebäude den gewünschten Neubauten im Weg stehen. Ein Abbruch muß spätestens dann hingenommen werden, wenn der Verfall weit fortgeschritten ist.

In einigen Fällen ist es jedoch gelungen, gefährdete bäuerliche Baudenkmäler zu erhalten und neu zu beleben. Das Bayerische Landesamt für Denkmalpflege hat dazu in einem mehrjährigen Programm beträchtliche Zuschüsse für Niederbayern bereitgestellt. Ohne die Mithilfe und Bereitschaft der Eigentümer wären aber diese Bemühungen ohne Erfolg geblieben. Aus der Reihe dieser gelungenen Maßnahmen seien hervorgehoben: Vierseithof in Riedersham, Haus Nr. 9 (Gde. Haarbach, Lkr. Passau), Traidkasten aus dem 18. Jahrhundert in Hinterleuthen, Haus Nr. 90 (Gde. Patersdorf, Lkr. Regen), Rottaler Bauernhaus von 1795 in Ernstling, Haus Nr. 109 (Gde. Dietersburg, Lkr. Rottal-Inn), und Weltenburg, Wörthstraße 9 (Stadt Kelheim, Lkr. Kelheim).

Manche Denkmäler, vor allem hölzerne Bauernhäuser, werden dadurch vor einer völligen Zerstörung bewahrt, daß sie an einen anderen Ort übertragen werden. Gleichgültig in welcher Qualität diese Übertragung durchgeführt wird, und unabhängig davon, ob das Haus danach in privater Nutzung ist oder in einem Bauernhausmuseum steht, es existiert nicht mehr als Denkmal, sondern nur noch als Modell, als Quelle zu diesem abgegangenen Baudenkmal. Die Denkmaleigenschaft eines Hauses ist unlösbar mit seinem Ort und seinem baulichen und landschaftlichen Umfeld verbunden. Wesentlichen Bestandteil an der Denkmaleigenschaft eines Gebäudes hat auch seine Nutzung: Ein als Töpferladen eingerichteter Rinderstall und ein Heustadel mit Gerätemuseum sind unter Umständen Retter eines Baudenkmals, aber sie sind Einrichtungen, die der Denkmaleigenschaft zuwiderlaufen.

Die Grenzen der niederbayerischen Hauslandschaften lassen sich bisher nicht exakt feststellen, so lange nicht mit geographischen und historiographischen Methoden eine große Zahl von Denkmälern und Bildquellen wissenschaftlich ausgewertet werden kann. Aber auch dann werden fließende Grenzen nicht auszuschließen sein, weil die Quellenlage in manchen Regionen bereits zu dürftig ist oder auch weil eine genaue Grenze gar nicht besteht und nie bestanden hat. Mit den aktuellen Landkreisgrenzen haben die Grenzen der Hauslandschaften nur in den wenigsten Fällen zu tun. Die Grenzen der Altlandkreise vor der jüngsten Landkreisreform kämen ihnen manchmal näher. Dennoch sollen im folgenden die Bauernhäuser nach Neulandkreisen im Bild vorgestellt werden. Denn jede Statistik über Aussehen, Struktur und Verbreitung von Bauernhaustypen, für die auch mit diesem Buch Grundlagen bereitet werden sollen, wird sich an den geltenden kommunalen Grenzen orientieren müssen. Vergleichbare Listen und Atlanten zu alten Inschriften, zum Denkmälerbestand usw. sind nach diesen Grenzen gegliedert. Auch eine Gliederung nach Landschaftsnamen oder historischen Ländernamen wie Pockinger Heide, Hallertau, Abteiland und dergleichen führt nur selten zu einer Deckung mit den Grenzen der Hauslandschaften. Insbesondere die donauübergreifenden Landkreise Kelheim, Straubing-Bogen, Deggendorf und Passau umfassen stark verschiedene Hauslandschaften. Die langwieri-

Weltenburg. Alte Dorfstraße 18 (Stadt Kelheim, Lkr. Kelheim)
Das gemauerte Haus aus dem 19. Jahrhundert ist mit Schieferplatten eingedeckt, die Giebelfassade mit der unregelmäßigen Fensteranordnung ist für den Bereich des Altmühl-Jura typisch. Das große Segmentbogenfenster gehört zur Stube.

Persil

ge Arbeit, einen Bauernhausatlas für Niederbayern zu erstellen, muß einem Forschungsprojekt vorbehalten bleiben, das Haus- und Volkskundler, Historiker und Geographen in einer Werkgemeinschaft zusammenführt.

Anhand weniger markanter Merkmale sollen im folgenden die Bauernhäuser der verschiedenen niederbayerischen Landkreise kurz charakterisiert sein. Landkreisübergreifende Hauslandschaften werden skizziert, soweit die vorliegenden Daten eine Abgrenzung erlauben. Der Abbildungsteil wird an ausgewählten Beispielen dieses Thema noch einmal aufgreifen. Nach dem Landkreis Kelheim, dessen Bauernhäuser weniger Gemeinsames mit den Bauernhäusern der anderen niederbayerischen Landkreise haben, sollen die Landkreise südlich der Donau behandelt werden (Landshut, Dingolfing-Landau und Rottal-Inn), danach die donauübergreifenden Landkreise Straubing-Bogen, Deggendorf und Passau, zuletzt die Landkreise Regen und Freyung-Grafenau, deren ganzes Gebiet im Bayerischen Wald liegt.

Der Landkreis Kelheim umfaßt einen Teil des Jura mit dem unteren Altmühltal und etwa die Hälfte des Hopfenanbaugebiets der Hallertau. In den donauangrenzenden Gemeinden sind im Hausbau Einflüsse beider Landschaften festzustellen. So gibt es zum Beispiel legschiefergedeckte Häuser mit Hopfendarre. Die Gestalt des Altmühltal- und Jurahauses ist stark durch das schwere Legschieferdach bedingt. Die aufgehenden Wände sind in der Regel aus Kalksteinen gemauert und verputzt. Das Steinmaterial für die Mauern stammte meist nicht aus einem Steinbruch, es waren Feldsteine, die in reicher Menge aus den Feldern geholt wurden. „Der meistgebaute Haustyp war das sogenannte Wohn-Stall-Haus mit Mittelgang. Es war erdgeschossig, Dach oder Kniestock darüber. Neben der Stube gab es die ‚Rauchkuchl' mit offener Feuerstelle, mit Feuerung zum Kachelofen oder zum Gußeisen-Platten-Ofen in der Stube. Im Gewölbe der Kuchl hing auch das Geselchte. Im Giebel unter dem offenen Dach lag zur Straße hin noch eine Kammer, dahinter der ‚Troadboden'. Größere Häuser hatten zusätzlich ein Obergeschoß und dadurch mehr Räume im Haus. Die oberen Zimmer waren über eine sehr einfache, gerade Treppe zugängig. Ganz oben lag der offene Speicher mit Giebelöffnung und Seilaufzug" (Elfinger).

Was Elfinger hier für den Eichstädter Raum beschreibt, gilt auch für den niederbayerischen Teil des Altmühltales. Erwähnenswert ist darüber hinaus der geringe Dachüberstand an den Traufseiten des flach geneigten Daches. Der Ortgang ist bündig mit der Giebelmauer. Diese Eigenheit, die durch das hohe Gewicht des Legschieferdaches bedingt ist, betont die klare kubische Form des Altmühl-Jura-Hauses. An den Fassaden ist der Grundriß des Hauses meist in seinen Grundzügen ablesbar: Die Stube, in der Regel unmittelbar neben dem Zugang zur Flez und an einem Hauseck gelegen, weist sich durch enger aneinandergestellte Fenster aus. Die Kammer im Obergeschoß ist an den beiden giebelseitigen Fenstern leicht zu erkennen.

Altdorf (Lkr. Landshut)
Das Steildachhaus im Umkreis von Landshut war ursprünglich eingeschossig, mit einem an beiden Seiten voll abgewalmten Strohdach eingedeckt. Im 18. und 19. Jahrhundert wurde an zwei Seiten das Dach zugunsten eines Obergeschosses zurückgezogen. Der umlaufende Schrot und der giebelseitige Stübelausbau sind bei diesem Haustyp häufig anzutreffen.

Das Bauernhaus der Hallertau, das im südlichsten Teil des Landkreises Kelheim anzutreffen ist, hat wenig mit dem Altmühl-Jura-Haus gemeinsam. Wie bei fast allen Stubenhäusern ist aber auch hier die Stube so angeordnet, daß eine Fensterfront traufseitig zum Hof blickt, die zweite im rechten Winkel dazu nach einer Sonnenhimmelsrichtung an der Giebelseite. Wenn die Orientierung zum Dorfplatz oder zur Straße es jedoch erfordert, blickt die Stube durchaus auch einmal nach Norden. Die Wohnstallhäuser dieser Region sind meist traufseitig erschlossen. Die Stube ist von der Flez aus zugänglich. Daneben befindet sich die Küche, die an der Giebelseite ein Fenster besitzt. Gegenüber der Stube ist zwischen Flez und Stall häufig eine Kammer eingeschoben, weil diese Häuser ursprünglich kein Obergeschoß besaßen, sondern nur im ersten Dachgeschoß giebelseitig eine Schlafkammer. An das Wohnstallhaus ist im rechten Winkel ein Stadel angeschlossen, an dessen Giebel eine Hopfendarre angebaut ist. Manchmal erweitert ein Nebengebäude mit einer kleinen Austragswohnung den Hakenhof zu einer Dreiseitanlage, deren Hof zur Straße hin offen ist. Die meisten bäuerlichen Baudenkmale der Hallertau stammen aus dem 19. Jahrhundert, als der breit aufgenommene Hopfenbau Wohlstand in die Region brachte. Das typische Merkmal der Hallertauer Häuser ist das steile stroh- oder später ziegelgedeckte Dach, das an der Hofseite einen unten verbretterten Überstand aufweist. Dieses Greddach schafft zwischen Flez und Stall an der Traufseite des Hauses entlang einen nicht bewitterten Weg. Deshalb fehlt in den Häusern häufig eine Verbindung durch eine Zwischentür oder einen Gang. Nachträglich wurden im Dachgeschoß oft Kammern eingebaut, die mit Dachgaubenfenstern zum Hof blicken. Wie vor dem 19. Jahrhundert das Bauernhaus in der Hallertau ausgesehen hat, ist bisher nicht erforscht. Ein vollständiger Holzblockbau, vermutlich aus dem 18. Jahrhundert, der dem Typus des Landshuter Steildachhauses entspricht, ist durch Photographien überliefert. Es ist jedoch fraglich, ob er als Vorläufer des uns bekannten Hallertauer Hauses anzusehen ist.

Der Landkreis Landshut ist besonders durch das sogenannte Landshuter Steildachhaus bekannt. Es handelt sich um ein Wohnstallhaus, das an giebel- und hofzugewandter Traufseite einen Schrot trägt. An der anderen Traufseite ist das steile Dach bis zum Erdgeschoß herabgezogen; das Dach ist also einhüftig. An der Wirtschaftsseite ist das Dach abgewalmt, an der Wohnseite weist es häufig einen Schopfwalm auf. Eine Eigenheit dieser Gebäude ist die an der Giebelseite erweiterte Kammer im Erdgeschoß: Bruckbergerau, Jägerstraße 12 (Gde. Bruckberg, Lkr. Landshut), Stünzbach, Haus Nr. 5 (Gde. Buch am Erlbach, Lkr. Landshut). Ein Pultdach oder der darüber gebaute Schrot schützt diesen Raum vor der Bewitterung. Am Rand dieser Hauslandschaft taucht dieser Anbau auch bei anderen Haustypen auf (z. B. Jenkofen, Gde. Adlkofen, Lkr. Landshut).

Poldering, Walnußstraße 4 (Stadt Landau, Lkr. Dingolfing-Landau)
Rottaler und Vilstaler Haustyp überlagern sich bei diesem großen Wohnstallhaus. Nach Art des Rottaler Bauernhauses wird die giebelseitig erschlossene Flez von Stube und Stall flankiert. Drei reich verzierte Schrote schmücken die repräsentative Giebelfassade. Der Hausschrot vor dem Obergeschoß läuft übereck.

Der Haustyp des Landshuter Steildachhauses ist jedoch vorwiegend nördlich der Isar anzutreffen. Auf den Höhen zwischen Isar und Vils gibt es wieder das flach geneigte Legschindel- und Falzziegeldach, das die Hauslandschaft entlang der Bina, der Vils und der Isar unterhalb von Landshut prägt: z. B. Sittlerhof (Gde. Adlkofen, Lkr. Landshut).

Auch die Hafnerhäuser des Kröning, östlich von Landshut, besitzen flach geneigtes Dach. Traufseitig erschlossene Häuser mit traufseitigem Schrot stehen neben giebelseitig erschlossenen, wie sie in den Altlandkreisen Eggenfelden und Pfarrkirchen (Lkr. Rottal-Inn) und Griesbach (südlicher Lkr. Passau) gebräuchlich sind oder waren. Zwei und drei Schrote übereinander schmücken diese breiten Fassaden. Den Erdgeschoßgrundriß beherrscht die Hafnerwerkstatt mit den Brennöfen (vgl. Modelle im Heimatmuseum Vilsbiburg).

Das Bauernhaus im Landkreis Dingolfing-Landau ist quer aufgeschlossen: Über der Haustüre verläuft der übliche Schrot, der sich bei diesem Haustyp obligatorisch auch auf der Giebelseite hinzieht. Das Giebelfeld über dem Hausschrot (Laubengang vor dem ersten Obergeschoß) trägt eine Laube, deren Winkel unter dem Dachvorsprung verbrettert sind und meist Taubenschläge bergen. Die Grundrißgliederung ist die des bereits für die Landkreise Kelheim und Landshut beschriebenen Mitterstallhauses, bei dem zwischen Flez und Tenne der Stall angeordnet ist. Südlich der Isar ist auch in diesem Landkreis das giebelseitig erschlossene Bauernhaus des Rottals anzutreffen; um nur zwei Beispiele zu nennen: Poldering (datiert 1785, Stadt Landau) und Reichenöd (Markt Simbach bei Landau).

Zu dieser Hauslandschaft zählt auch der Südwesten des Landkreises Straubing. Das Wohnstallhaus des Hiergeist-Hofes in Schwimmbach (Gde. Leiblfing, Lkr. Straubing-Bogen) ist eines der am besten erhaltenen Häuser dieses Typs. Dieser Hof war ursprünglich das einzige Anwesen in Schwimmbach. Erst zu Beginn des 19. Jahrhunderts wurde in dem ehedem geschlossenen Waldgebiet eine sogenannte Colonie angelegt. In dieser weitläufigen Siedlung ist noch ein Ursprungsbau erhalten, der Löffler-Hof (Haus Nr. 75). Die giebelseitige Laube des eineinhalbgeschossigen Wohn-Stall-Hauses ist nicht mehr erhalten. Von einem zweiten Haus (Haus Nr. 43) aus der Besiedlungszeit um 1820 befindet sich ein Bauaufmaß im Freilichtmuseum Massing. Die Giebellaube dieses erdgeschossigen Hauses war bis zum Abbruch 1986 erhalten. Im Gegensatz zum Löffler-Hof besaß dieses Haus jedoch ein steiles, ursprünglich wohl strohgedecktes Dach. Schwimmbach liegt nahe an der bei Landshut in Nord-Süd-Richtung verlaufenden Steildach-Flachdach-Grenze. Möglicherweise war es den Siedlern freigestellt, das ihnen je nach Herkunft gewohnte Haus zu errichten. Die bei Bauer abgebildete „Knockersölde" in Ergolding (Lkr. Landshut) ist sehr ähnlich.

Ganglöd, Haus-Nr. 84 (Gde. Dietersburg, Lkr. Rottal-Inn)
Der Haustyp Mittertennhaus ist im Rottal bei Kleinbauernanwesen häufig anzutreffen. Die Tenne ist bei diesem Wohnstallstadelhaus zwischen Stall und Wohnteil angeordnet.

Neben dem sogenannten Waldlerhaus ist das Stockhaus des Rottals der wohl bekannteste Haustyp Niederbayerns. Es ist vor allem im Altlandkreis Eggenfelden beheimatet. Einige Exemplare dieses einst sehr häufig anzutreffenden Haustyps haben sich bis heute erhalten: Langenkatzbach (1808, Gde. Gangkofen, Lkr. Rottal-Inn), Fünfleiten (1767, Gde. Falkenberg, Lkr. Rottal-Inn).

Bei diesem Haus ist der Giebel über der Breitseite errichtet, das Dach ist bis zum Erdgeschoß herabgezogen. Aus der durchgehenden Flez gelangt man zur einen Seite in die meist dreifenstrige Stube, aus der eine Tür unmittelbar in den Pferdestall führt. An der anderen Seite der Flez ist die Tür zum Rinderstall, das heißt die Stube ist flankiert von Pferde- und Rinderstall. Rückwärtig sind noch Flezkammerl (Speis) und Küche eingerichtet. In der Giebelmitte sind im ersten Stock über Stube und Küche Kammern untergebracht. Über den Stallungen befanden sich unter dem herabgezogenen Dach Futter- und Streuboden.

Die hofseitigen Fassaden schmücken meist zwei übereinander angebrachte Lauben oder Schrote. Im 19. Jahrhundert wurde bei den Stockhäusern häufig das Obergeschoß vollständig ausgebaut. Das war möglich, wenn man das breite Quersatteldach durch ein Längssatteldach ersetzte. Diese Firstdrehung änderte aber nichts an der Dachneigung, die nach wie vor auf Legschindel, bzw. später Falzziegel ausgerichtet war.

Ein zweiter giebeldominanter Haustyp ist im Rottal beheimatet: das sogenannte Rottaler Bauernhaus (z.B. Untertattenbach, Haus Nr. 77, Markt Birnbach, Lkr. Rottal-Inn, abgebrochen 1986). Vom Stockhaus unterscheidet es sich durch das Fehlen des an die Stube anschließenden Stalles. Das hatte den Vorteil, daß man die Stube nach zwei Seiten mit Fenstern öffnen konnte. Das Obergeschoß des Rottaler Bauernhauses ist vollständig ausgebaut: Es birgt eine Reihe von Kammern. Vor dem ersten Stock ist ein Schrot angebracht, der sich über die ganze Hausbreite hinzieht. Darüber, im Giebelfeld, ist meist noch zusätzlich ein schmaler Schrot, der weniger Nutz- als Schmuckfunktion hatte. Er wurde manchmal erst nachträglich angebaut. Eines der besterhaltenen Rottaler Bauernhäuser steht in Martinstödling (Haus Nr. 13, Gem. Egglham, Lkr. Rottal-Inn).

Beim sogenannten Seitenflurhaus, das ebenfalls im Rottal häufig belegt ist, fehlt auch der zweite Stall an der dominanten Giebelseite. Der Flurzugang ist an einer Hausecke an der Giebelseite plaziert, die andere Hausecke nimmt die Stube ein. Das Freilinger-Häusl, das 1988 ins Freilichtmuseum Massing übertragen wurde, ist das bekannteste Haus dieses Typs. Das Seitenflurhaus ist in mehreren Exemplaren in den Altlandkreisen Eggenfelden, Pfarrkirchen und Griesbach belegt.

Wäre da nicht das weit verbreitete Mittertennhaus, könnte man das Rottal (Lkr. Rottal-Inn und südlicher Landkreis Passau) eine giebeldominante Hauslandschaft nennen. Das giebelseitig erschlossene Bauernhaus ist jedoch meist kein Einhaus, bei dem Wohnung, Stall und

Irlbach (Gde. Straßkirchen, Lkr. Straubing-Bogen)
Im Gäuboden hat sich das im späten Mittelalter eingeführte Legschindeldach nicht vollständig gegen das traditionelle Steildach durchgesetzt. Von den ursprünglichen Holzblockbauten wurden bereits im 19. Jahrhundert die meisten durch großzügige gemauerte Häuser ersetzt.

Speicher unter einem Dach zusammengefaßt sind. Bäuerliche Vollerwerbsbetriebe tendierten in diesem Raum seit jeher zur vielgliedrigen Hofanlage. Der regelmäßige Rottaler Vierseithof, wie er seit dem 19. Jahrhundert entstanden ist, ist für diese Tendenz die deutlichste Ausprägung. Kleinbauernanwesen waren jedoch gewöhnlich Einhäuser, wobei der überkommene Denkmälerbestand im Rottal deutlich mehr Mittertennhäuser als Mitterstallhäuser aufweist. Das langgestreckte Wohn-Stall-Gebäude ist horizontal klar gegliedert in einen Wohn- und einen Wirtschaftsbereich. Die Trennlinie verläuft zwischen Haustür und Tennentor. Stall und Stadel sind im Wirtschaftsbereich zusammengefaßt. Die das ganze Haus durchquerende Tenne trennt Wohnung und Stall voneinander. Parallel zur Tenne verläuft in der Regel ein Flur, die sogenannte Flez, von dem aus die Wohnräume erschlossen sind. In Niederbayern hat sich kein Mittertennhaus vom älteren Typ erhalten, bei dem Tenne und Flez ein Raum waren, wobei in das Tennentor eine kleine Handpforte eingesetzt war.

Der fruchtbare Gäuboden erstreckt sich über wesentliche Teile der Landkreise Straubing-Bogen und Deggendorf. Er hat aufgrund des Wohlstandes seiner Bauern kaum noch ländlich-bäuerliche Bausubstanz aufzuweisen, die über das 19. Jahrhundert zurückreicht. Die Bauernhäuser, die sich – mehr oder weniger verändert – erhalten haben oder die aus alten Photographien bekannt sind, sind durchwegs gemauert, zweigeschossig und traufseitig erschlossen. Die mittlere Dachneigung läßt darauf schließen, daß viele dieser Häuser bereits ursprünglich für Ziegeldeckung errichtet worden waren. Die großzügigen Häuser enthielten stets den Pferdestall, traufseitig war ein Schrot angebaut, manchmal auch giebelseitig. Die Giebelfassade wurde, aus Brandschutzgründen wie aus ästhetischen Erwägungen, über die Dachhaut hinausgezogen, so daß am Ortgang ein profilierter oder abgetreppter repräsentativer Giebel entstand. Gut erhalten hat sich in dieser Form das Anwesen Singerhof (Gde. Plattling, Lkr. Deggendorf). Weil in dieser Region Stroh bequemer und billiger zur Verfügung stand als das für Legschindel geeignete Nadelholz, war der Gäuboden weitgehend durch das Steildach bestimmt.

In den südlichen Bereichen der Landkreise Deggendorf und Passau ist wie im Rottal ein giebelseitig erschlossenes Bauernhaus mit reich verzierten Schroten anzutreffen. Zwei und drei davon übereinander angeordnet waren in dieser Region der Stolz der Bauern des 19. Jahrhunderts. Im Gegensatz zum Rottaler Bauernhaus besitzen diese Häuser meist keinen Stall. Auch bei bescheideneren Anwesen hat sich im südlichen Landkreis Passau das zweigeschossige Haus fast vollständig durchgesetzt. Bauinschriften – z. B. in Schmidham (1786, 1789 und 1793; Markt Ruhstorf) – erlauben den Rückschluß, daß dieser Vorgang weitgehend im fortgeschrittenen 18. Jahrhundert stattgefunden hat.

Hirla (Markt Rotthalmünster, Lkr. Passau)
Das Rottaler Bauernhaus vom „Wilhelm-Hof" wurde 1975 abgetragen und 1977 bei Pfarrkirchen neu errichtet. Im unteren Rottal war im Wohnhaus meist kein Stall mehr eingebaut.

Es haben sich erstaunlich viele Holzblockbauten in dieser Region erhalten. Manche Bauernhäuser im Land- und im Stadtkreis Passau lassen für das 18. Jahrhundert einen Einfluß aus dem Salzburger Raum vermuten. Ein methodischer Vergleich eines ausreichend großen Denkmälerbestands steht jedoch noch aus. Es ist außerdem bisher nicht untersucht worden, ob die Grafschaft Ortenburg, westlich von Passau, die seit dem 16. Jahrhundert eine evangelische Enklave war, deutlich andere Bauernhausformen aufweist. Noch heute sind im ehemals ortenburgischen Herrschaftsbereich viele Holzblockbauten erhalten, die zumindest bis ins frühe 18. Jahrhundert zurückreichen. Sie sind jedoch durch die Denkmalbehörden bisher nicht dokumentiert.

Der nördliche, im Bayerischen Wald gelegene Teil des Landkreises Passau ist dagegen schon sehr dicht mit vollständig gemauerten, zweigeschossigen Bauernhäusern durchsetzt. Sie sind fast alle Produkte der zweiten Hälfte des 19. Jahrhunderts.

Dasselbe gilt für andere Bereiche des Bayerischen Waldes, insbesondere den Landkreis Freyung-Grafenau. Von Haar (Markt Obernzell, Lkr. Passau) über Pötzerreut (Markt Röhrnbach, Lkr. Freyung-Grafenau) und Lichtenau, Haus Nr. 8 (Gde. Ringelei, Lkr. Freyung-Grafenau) bis Hohenau und St. Oswald (Lkr. Freyung-Grafenau) sind diese großen Massivbauten in Photos und erhaltenen Denkmälern belegt. Sie sind in der Regel traufseitig erschlossen und besitzen meist ein ziegelgedecktes Satteldach mittlerer Neigung, manchmal an beiden Querseiten mit einem Halbwalm. Manche dieser Gebäude weisen reichen Stuckdekor an den Fassaden auf: Haar, Haus Nr. 5 (Markt Obernzell, Lkr. Passau), Pfaffenreut (Markt Untergriesbach, Lkr. Passau), Höbersberg; Haus Nr. 12 (Markt Röhrnbach, Lkr. Freyung-Grafenau), Tumiching, Haus Nr. 11 (Gde. Innernzell, Lkr. Freyung-Grafenau), Einberg, Haus Nr. 9 (Stadt Grafenau, Lkr. Freyung-Grafenau). Wegen seiner einzigartigen Stuckfassung war das Wohnstallhaus des Anwesens Nr. 9 in Einberg zur Übertragung ins Freilichtmuseum Finsterau vorgesehen. Sein ruinöser Zustand wurde hingenommen. Der Plan scheiterte an der negativen Beurteilung einer Gutachterbehörde.

Vom äußersten Südosten des ehemaligen Abteilandes (Gemeinden Obernzell, Untergriesbach und Wegscheid im Lkr. Passau) bis zum Oberpfälzer Wald ist der Haustyp des Waldlerhauses anzutreffen. Mit diesem schillernden Begriff wird ein Wohnstallspeicherhaus umschrieben, das eine Reihe veränderlicher und dennoch in ihrer Zusammensetzung markanter und typischer Merkmale aufweist: Mitterstallgrundriß, ein- bis eineinhalbstöckig, flach geneigtes Satteldach mit allseits weitem Dachüberstand, Legschindeldeckung (später Falzziegel oder Stahlblech), Giebellaube, Blockbau, Stall in Feldsteinmauerwerk. Der Kappl-Hof aus Trautmannsried (Gde. Drachselsried, Lkr. Regen; seit 1980 Freilichtmuseum Finsterau) ist ein fast „reiner" Vertreter dieses Haustyps.

St. Oswald (Gde. St. Oswald-Riedlhütte, Lkr. Freyung-Grafenau).
In Grenznähe zu Böhmen hat sich das flachgeneigte Legschieferdach nicht vollständig durchgesetzt. Das scharschindelgedeckte Krüppelwalmdach war ursprünglich strohgedeckt.

Vermutlich bereits im 18. Jahrhundert wurde dem Waldlerhaus vereinzelt ein ganzes Obergeschoß hinzugefügt, das Erdgeschoß wurde aus Feldsteinen gemauert, im 19. Jahrhundert dann z. T. aus Bruch- und Hausteinen. Dem Obergeschoß wurde nun ein traufseitiger Schrot vorgelegt, dessen primitive Vorläufer beim Kniestock des Kappl-Hofes zu sehen sind. Wie in allen anderen Bereichen Niederbayerns verlor der Schrot gegen Ende des 19. Jahrhunderts auch beim Waldlerhaus an Bedeutung und Beliebtheit. Ein übereck laufender Schrot, wie er im Landkreis Dingolfing-Landau und in den angrenzenden Gebieten obligatorisch ist, ist beim Bauernhaus des Bayerischen Waldes jedoch die Ausnahme. Noch beim vollständig gemauerten Bauernhaus des späten 19. Jahrhunderts ist im Bayerischen Wald der Typus des Waldlerhauses erkennbar: Perlesöd, Haus Nr. 7 (Stadt Freyung, Lkr. Freyung-Grafenau), Schönbrunnerhäuser (Gde. Hohenau, Lkr. Freyung-Grafenau).

Der Stadelteil des Waldlerhauses war stets ein verbretterter Ständerbau. Daß der Hauseingang traufseitig angelegt ist, ist keineswegs verbindlich: Aus allen Bereichen des Bayerischen Waldes sind Waldlerhäuser mit giebelseitigem Eingang bekannt. Verbindlich für diesen Haustyp ist jedoch das flach geneigte Dach.

Die Landkreise Cham (Oberpfalz) und Regen und der Altlandkreis Bogen weisen am Waldlerhaus häufig eine Besonderheit auf: den schräg, parallel zu den Sparren ausgeblockten Giebel (z. B. Prünstfehlburg, Haus Nr. 3, Gde. Haibach, Lkr. Straubing-Bogen). Ein bemerkenswertes Detail bei den Bauernhäusern dieser Region ist das eng neben der traufseitigen Haustür liegende kleine Flezfenster.

Im inneren Bayerischen Wald, an der Grenze zu Böhmen, tritt vermehrt ein Bauernhaus mit steilem Schopfwalmdach auf. Dieses mit Scharschindeln, früher mit Stroh gedeckte Haus ist ansonsten eng verwandt mit dem sogenannten Waldlerhaus. Weil es aber vermehrt im Grenzbereich zu Böhmen auftritt und dort auch häufig oder nach Schrameks Ansicht sogar vorrangig vertreten war, wird es gelegentlich Böhmerwaldbauernhaus genannt (Schramek). Eines der bekanntesten Häuser dieses Typs ist das Anwesen Reut 1½ (Stadt Waldkirchen, Lkr. Freyung-Grafenau). Es war gegen Ende des vergangenen Jahrhunderts von einem gemeinschaftlichen Flachsbrechhaus zu einem Kleinbauernhaus umgebaut worden. Der Schopfwalm, der auf alten Photographien belegt ist, wurde um 1960 beseitigt.

Der folgende Bildteil stellt anhand ausgewählter historischer Photographien und einiger aktueller Aufnahmen Bauernhäuser der verschiedenen Landkreise Niederbayerns vor. Zahlreiche private und öffentliche Archive haben Material zur Verfügung gestellt.

Bodenmais (Lkr. Regen)
Blockbau, Giebellaube und abgewalmtes Scharschindeldach sind die typischen Kennzeichen des sogenannten Böhmerwaldhauses. Die Scharschindel sind mit Eisennägeln an den Dachlatten befestigt.

Landkreis Deggendorf

Bradlberg (Markt Schöllnach)
Die Aufnahme um 1900 zeigt das Nebeneinander von flachgeneigtem Dach beim Wohnstallhaus und strohgedecktem Steildach beim Stadel. Im Vordergrund ist der Backofen zu erkennen.

Datting (Gde. Lalling)
Der Weiler Datting ist als Ensemble in die Denkmalliste eingetragen. Freigegeben durch die Reg. von Obb.: Nr. GS 300/9573-83.

◁ Durchfurth (Gde. Lalling)
Aufnahme um 1950.
Alle Gebäude sind bereits mit Falzziegeldeckung versehen.

Obersteinhausen (Gde. Auerbach)
Hausschrot und Oberbodenschrot waren bei diesem Blockbau von etwa 1800 offenbar beschädigt und wurden abgebaut. Die Konsolen über dem Erdgeschoß wurden als Auflager für ein Schutzdach über den Stubenfenstern verwendet.

Stephansposching
Von dem stattlichen Schmiedeanwesen in Stephansposching haben sich mehrere Photographien erhalten. Der Haustyp ist der des Isartales.

Schöllnach
Die Postkarte aus Schöllnach mit dem Poststempel vom 14. 12. 1939 zeigt ein Mittertennhaus, wie es besonders bei Kleinbauernanwesen zu finden ist.

Riggerding (Markt Schöllnach)
Diese Luftaufnahme aus den 50er Jahren zeigt deutlich den engen Hofverband, der durch die Neubauten des 19. und 20. Jahrhunderts entstanden ist. Freigegeben durch das Staatsministerium für Wirtschaft und Verkehr.

Langenisarhofen (Gde. Moos)
Das „Steinbauer-Haus“ von Langenisarhofen war eines der letzten strohgedeckten Bauernhäuser in Niederbayern.

Zeitldorf (Gde. Metten)
Das Wohnstallhaus vom „Holmer-Hof" wurde um 1830 neu gebaut. Der doppelte Schrot ist mit Zimmermannsmalerei geschmückt.

Deggendorf, Hengersberger Straße
1925 wurde dieses Kleinbauernanwesen für den Bau der Wallner-Villa abgerissen.

Stephansposching
Das „Gruber-Haus", in dem ein Kramerladen betrieben wurde, war vermutlich ein verputzter Blockbau. Das Haus war wohl ursprünglich strohgedeckt.

Singerhof (Stadt Plattling)
Wenngleich im 19. Jahrhundert wohlhabende Bauern das Wohnstallgebäude meist vollständig in Massivbauweise errichteten, verzichteten sie nicht auf den Schrot. Die Giebelwände wurden als Brandmauer und wohl auch aus repräsentativen Gründen über die Dachfläche hochgezogen. Aufnahme 1987.

◁ Neusling (Gde. Wallerfing)
Bei den im 19. Jahrhundert neu gebauten Höfen war von Anfang an eine Ziegeldekkung vorgesehen. Pferdezucht und Getreideanbau brachten Wohlstand in viele Bauernhöfe dieser Gegend.

Lahhof (Stadt Osterhofen)
Das gemauerte Wohnhaus des wohlhabenden Lahhofes stammt vermutlich noch aus dem 18. Jahrhundert.

Landkreis Dingolfing-Landau

Mögling, Haus-Nr. 7
(Markt Pilsting)
Das Kleinbauernhaus aus dem frühen 18. Jahrhundert ist noch in sehr ursprünglichem Zustand erhalten. Der umlaufende Schrot mit seinen gesägten Brettern und der gemauerte Stall sind auf Erneuerungen des 19. Jahrhunderts zurückzuführen. Der gemauerte Backofen gehört zum Anwesen. Aufnahme 1987.

Roßhof, Haus-Nr. 1 (Markt Frontenhausen)
Das Wohnstallhaus des Roßhofs besteht noch. Das Erdgeschoß ist gemauert, vor dem Blockbau-Obergeschoß verläuft traufseitig und giebelseitig ein Schrot. Außerdem ist eine Giebellaube angebracht.

Gde. Frontenhausen
Der genaue Aufnahmeort dieser Photographie ist nicht bekannt. Vermutlich handelt es sich bei diesem Wohnstallhaus um einen nachträglich verputzten Blockbau.

△ Wannersdorf (Gde. Eichendorf)
Der Hausforscher Theodor Heck hat dieses Stockhaus um 1940 photographiert. Das Erdgeschoß mit den beiden Stallungen ist nachträglich ausgemauert.

◁ Reichersdorf (Stadt Landau)
Stall und Stube des aus dem frühen 19. Jahrhundert stammenden Hauses sind giebelseitig erschlossen.

△ Pilberskofen (Gde. Mamming)
Das reich verzierte Bauernhaus wurde um die Jahrhundertwende einige Zeit als Wirtshaus genutzt. Seit 1972 steht es mit erneuerter Zimmermannsmalerei im Freilichtmuseum Massing. Die Aufnahme von 1909 zeigt an dem Wohnstallhaus noch die Giebellaube mit den beiden seitlichen Verschlägen, die bei der Übertragung ins Museum verändert wurden. Über der Tür zur Giebellaube ist die Datierung 1795 angebracht.

▷ Pilberskofen (Gde. Mamming)
Das Kleinbauernhaus, zu dem eine Schmiede gehört, ist gegen Ende des 18. Jahrhunderts entstanden. Das Erdgeschoß wurde im späten 19. Jahrhundert ausgemauert. Haus- und Giebelschrot sind mit reicher Zimmermannsmalerei geschmückt. Aufnahme 1968.

△ Reichstorf (Gde. Eichendorf)
Bei dem Wohnstallhaus aus der 2. Hälfte des 18. Jahrhunderts wurde bei der Umstellung auf Ziegeldeckung das Dach aufgesteilt.

◁ Moosthenning, Moosstraße 4
Um 1880 wurde dieses Wohnstallhaus so umgebaut, wie es sich heute darstellt. Der Schrot vor dem Obergeschoß wurde damals an der Giebelseite abgebrochen.

△ Oberhöcking, Dingolfinger Straße 111 (Stadt Landau)
1987 wurde das Kleinbauernhaus abgebrochen, dessen Blockbau-Obergeschoß noch aus dem 18. Jahrhundert stammte. Das bescheidene Haus war nur so breit wie die zweifenstrige Stube. Aufnahme 1987.

▷ Bachhausen (Stadt Landau)
Sanierungs- und Nutzungsänderung (der Stall wurde zu Wohnzwecken umgebaut) haben stark in das Erscheinungsbild dieses alten Bauernhauses eingegriffen. Die Höherlegung der Straße fördert Feuchtigkeits- und Salzschäden.

◁ Reichersdorf (Stadt Landau)
Gegen Ende des 19. Jahrhunderts verlor der Schrot seine wirtschaftliche Bedeutung. Seine Schmuckfunktion, die er seit dem 18. Jahrhundert erhalten hatte, verselbständigte sich.

◁ Reichersdorf (Stadt Landau)

▷ Pilberskofen (Gde. Mamming)
Im Jahr 1968 wurde dieses Bauernhaus wegen seines Blumenschmucks photographiert. Der zweieinhalbstöckige Wohnteil wurde um 1900 neu gebaut.

Dornwang (Gde. Moosthenning)

Hofdorf, Haus-Nr. 12 (Gde. Mengkofen)
Das wohlhabende Wirtsanwesen, das den Dorfkern von Hofdorf prägt, ist heute nicht mehr bewirtschaftet.

Landkreis Freyung-Grafenau

◁ Saulorn (Gde. Hohenau)
Der Riedl-Bauer in Saulorn befaßte sich besonders intensiv mit der Imkerei. Beachtenswert ist der Jägerzaun aus dünnen Hanicheln. Die Aufnahme von 1910/15 zeigt ein „Waldler-Haus" in einem engen Dorfverband. Das Obergeschoß in Blockbau ist vermutlich älter als das gemauerte Erdgeschoß mit den großen Fenstern. Durch ein Tor zwischen Wohnstallgebäude und Nebengebäude ist der Hof zur Straße hin geschlossen.

▷ Einberg, Haus-Nr. 11 (Stadt Grafenau)
Um 1880 wurde bei diesem Hof im Angerdorf Einberg das Wohnstallgebäude in Ziegel- und Feldsteinmauerwerk neu errichtet. Die Fensterfaschen sind durch ein farbig gefaßtes Stuckornament bekrönt. Das Giebelfeld ist in Blockbau errichtet, auf dessen Verputz Blankziegelwerk aufgemalt ist. Die Schlafkammer weist reiche Schablonen- und Freihandmalerei auf. Das Gebäude ist dem Verfall preisgegeben, obwohl es eines der interessantesten Beispiele für Putzfassungen an Bauerhäusern des späten 19. Jahrhunderts ist.

Hohenau
Aufnahme 1920/30. Wohnstallhaus mit gemauertem Erdgeschoß. Das Feldsteinmauerwerk ist nur ausgefugt.

△ Hohenau
Aufnahme 1910/20. Am südlichen Ende des Angerdorfes Hohenau stand das kleine, gemeindeeigene Hirtenhaus.

▷ Hohenau
Um 1920/30, als diese Photographie angefertigt wurde, war das gemeinschaftliche Hirtenhaus bereits ersatzlos abgebrochen. Die meisten Bauernhäuser rund um den Dorfanger waren schon vor der Jahrhundertwende wegen verschiedener Brandfälle vollständig gemauert.

Rentpoldenreuth (Markt Perlesreut)
Das „Waldler-Haus“ mit dem primitiven Schrot im Vordergrund dieser Aufnahme von ca. 1920 besitzt noch das ursprüngliche Legschindeldach. Der First der Gebäude dahinter ist bereits wegen der nachträglich aufgebrachten Ziegeldeckung höher gestellt.

Rentpoldenreuth (Markt Perlesreut)

◁ Böhmzwiesel, Haus-Nr. 22 (Stadt Waldkirchen)
Ab der 2. Hälfte des 19. Jahrhunderts wurde bei größeren Bauernhöfen im Bayerischen Wald häufig ein neues Wohngebäude vollständig gemauert. Das Nebenhaus des Raidl-Hofes (links im Bild) steht seit 1980 im Freilichtmuseum Finsterau.

◁◁ Perlesöd, Haus-Nr. 7 (Stadt Freyung)
Kleinbauernhaus, entstanden um 1880. Das Erdgeschoß ist aus Feld- und Hausteinen errichtet, das Obergeschoß und das Giebelfeld aus Ziegeln. Die Fassade weist die gegen Ende des 19. Jahrhunderts sehr beliebten hochkant gestellten Quadratfensterchen auf. In die Giebelmitte ist eine Muttergottesnische eingelassen. Aufnahme 1987.

◁ Reut 1½ (Stadt Waldkirchen)
In den fünfziger Jahren wurde das Dach des Kleinbauernhauses mit Falzziegeln gedeckt. Zu diesem Zweck wurden der Schopfwalm und die Verschläge an den Seiten des Schrotes entfernt. Die Stube war bis 1989 im Inneren in urtümlicher Weise unverputzt erhalten geblieben. Aufnahme 1988.

▷ Reut 1½ (Stadt Waldkirchen)
Das „Böhmerwaldhaus" mit dem scharschindelgedeckten Schopfwalmdach entstand gegen Ende des 19. Jahrhunderts durch Erweiterung eines älteren Flachsbrechhauses. Die Stube nimmt die ganze Breite des Hauses ein. An der Giebelfassade ist deutlich das höher gestellte, kleine Dunstfenster zu erkennen.

Pötzerreut, Haus-Nr. 7 (Markt Röhrnbach)
1987 wurde das nicht mehr bewohnte Bauernhaus bei einem Sturm abgedeckt und im Jahr darauf abgebrochen. Die Bezeichnung 1846 im granitenen Türsturz weist auf einen Umbau hin, bei dem Teile des Erdgeschosses ausgemauert wurden. Die Flez erhielt ein flaches Tonnengewölbe.

Kreuzberg (Stadt Freyung)
Das Kirchdorf Kreuzberg ist mit seiner einzigartigen Flureinteilung als Ensemble in die Denkmalliste eingetragen. Aufnahme 1983, freigegeben durch die Reg. von Obb.: Nr. GS 300/9378-83.

Landkreis Kelheim

Prunn
Aufnahme 1954. Altmühl-Jura-Haus mit Legschieferdeckung, giebelseitig erschlossen. Die Stube blickt mit zwei Fenstern zur Straße und einem Fenster zum Hof.

◁ Prunn (?) im Altmühltal
Aufnahme 1954. Deutlich zu erkennen sind die Ausbildung des Firstes und die Anbindung der Legschieferdeckung am Kaminmauerwerk. An der Traufe und am Ortgang steht das schwere Steinplattendach nur geringfügig über. Der Blick über die Dächer der Bauernhäuser gibt den Blick auf eine damals noch intakte Kulturlandschaft frei.

▷ „Dorfpartie im Altmühltal"
Aufnahme 1954. Gemauerte, legschiefergedeckte Bauernhäuser. Die Stube zeichnet sich deutlich durch die beiden engergestellten Fenster ab.

Neulohe, Haus-Nr. 10 (Gde. Painten)
Eineinhalbgeschossiges Bauernhaus auf den Jurahöhen über dem Altmühltal. Legschieferdeckung, verputztes Mauerwerk.

Riedenburg
Das erdgeschossige Bauernhaus mit seinen verschachtelten Nebengebäuden ist zwischen Straße und Hang eingekeilt. Aufnahme 1985.

Weltenburg, Alte Dorfstraße 18 (Stadt Kelheim)
Aufnahme 1986. Mit Unterstützung des Bayerischen Landesamtes für Denkmalpflege wurde das ursprüngliche Legschieferdach erneuert. Der alte Verputz und die verschiedenen Fensterformate blieben bei der behutsamen Sanierung erhalten.

Weltenburg, Alte Dorfstraße 18 (Stadt Kelheim)
Das große Fenster gehört zu einem kleinen Kramerladen, der über die Flez zu erreichen ist.

△ Malmersdorf (Gde. Train)
Die Aufnahme vom Wirt in Malmersdorf entstand um 1890/1900.

◁ Train, Pfarrergasse
Das erdgeschossige Hallertauer Bauernhaus wurde an der Traufseite häufig durch Dachgauben erweitert.

Train
In der Hallertau haben sich nur wenige Blockbauten über das 19. Jahrhundert hinaus erhalten. Das Schmidbauer-Anwesen mit den aufgemalten Fensterfaschen ist von ähnlichem Bautyp wie die Bauernhäuser der Landshuter Gegend.

△ Train
Aufnahme 1900/1914. Die Dorflinde am Kirchplatz bildete lange Zeit das Zentrum des Dorfes.

▷ Train, Herrnstraße
Aufnahme ca. 1948. Das Gebäude rechts mit den verschiedenfarbigen Dachziegeln ist der Dorfschmied. Ihm gegenüber steht das Anwesen des Kramers.

Train
Aufnahme 1911. Das vollständig gemauerte, erdgeschossige Wohnstallhaus weist an der Eingangsseite das für die Region typische Greddach auf. Die Stube blickt mit je zwei Fenstern zur Giebel- und zur Hofseite. Das einzelne Fenster an der Giebelseite gehört zur Küche, das neben dem Hauseingang zu einer Kammer. Im Obergeschoß ist als einziger Wohnraum die Schlafkammer untergebracht.

Train
Im Hauptgebäude des typischen Hallertauer Hofes sind auch der Stall für die Zugtiere und ein Kuhstall untergebracht. Ein Nebengebäude mit Stadel, Geräteschuppen und Hopfendarre ist meist in rechtem Winkel angebaut. Benachbarte Höfe ergänzen einander zu dreiseithofähnlichen Anlagen, die zur Dorfstraße geöffnet sind.

Landkreis Landshut

Pattendorf (Gde. Adlkofen)
Aufnahme um 1910.
Kröninger Hafneranwesen.

△ Grammelsbrunn, Haus-Nr. 59 (Gde. Kröning)
Am Dach des Hafnerhofes „Beim Christl“ ist der zusätzliche Kamin für den Brennofen zu sehen.

◁ Kobl (Gde. Kröning)
Die Sölde „Beim Martl“ ist vollständig in Blockbau errichtet. Der giebelseitige Schrot vor dem Obergeschoß wurde bei einer Instandsetzung gegen Ende des 19. Jahrhunderts abgetragen.

Jesendorf (Gde. Kröning)
Das stattliche Wohnstallhafnerhaus mit den neugotisch erneuerten Schroten war in Blockbau errichtet und vollständig verputzt. Die mittige Flez wurde durch Werkstatt und Stube flankiert.

Reichlkofen (Gde. Adlkofen)
Aufnahme um 1930. Über dem gemauerten Erdgeschoß liegt ein niedriges Obergeschoß, das in verputztem Blockbau ausgeführt ist. Der Schrot vor dem Obergeschoß wurde beim Ausbau des Erdgeschosses abgetragen.

Goldern (Gde. Niedereichbach)
Das eigentümliche Vorhaus an der Giebelseite dieses Anwesens diente als Zugang zu einem Kramerladen.

Bruckbergerau, Haus-Nr. 12 (Gde. Bruckberg)
Aufnahme um 1980. Giebel- und traufseitiger Schrot. An der Giebelseite ein Stübelanbau. Ursprünglich Schopfwalm an beiden Schmalseiten des Daches.

Seethal (Stadt Landshut)
Eines der wenigen Steildachhäuser vom Landshuter Typ südlich der Isar. Ursprünglich Schopfwalm an beiden Giebelseiten.

△ Ergolding
Aufnahme um 1980. Kleines, erdgeschossiges Mittertennhaus.

◁ Fronberg, Haus-Nr. 2 (Gde. Furth)
Aufnahme um 1982. Erdgeschossiges Wohnstallgebäude mit steilem, ziegelgedecktem Dach. Giebelseitige Stübelerweiterung und traufseitiger Anbau. Im Obergeschoß Schlafkammer mit giebelseitigen Fenstern.

△ Pfettrach (Gde. Altdorf)
Das Bauernhaus der Hallertau und das erdgeschossige Landshuter Steildachhaus weisen an der Eingangsseite ein sogenanntes Greddach auf. Der giebelseitige Schrot wurde bei diesem Haus im Zuge einer Dacherneuerung abgetragen.

▷ Altdorf
Aufnahme um 1930. An der Hofseite zweistöckig, Schrot an zwei Seiten, Stübelerweiterung. Auch nach der Umdeckung auf Falzziegel blieb der Schopfwalm erhalten.

Almosenbachhorn (Gde. Bruckberg)
Aufnahme um 1920. Voll ausgebautes Obergeschoß, Stübelerweiterung an der Traufseite. An der Giebelseite fehlt der Schrot vor dem Obergeschoß.

Altheim
Gemauertes Wohnstallhaus mit Putzgliederung und Fassadenmalerei. Aufnahme um 1930.

Landkreis Passau

Riedertsham, Haus-Nr. 9
(Gde. Haarbach)
Die stattliche Vierseitanlage des Mittermeierhofes ist bis heute erhalten. Um 1820/30 wurden alle Gebäude des Hofes neu errichtet. Das Wohnhaus ist 1823 datiert.

Parzham (Stadt Griesbach im Rottal)
Bemerkenswert am Geburtshaus des hl. Bruders Konrad, das heute als Wallfahrtsstätte eingerichtet ist, sind die gedrehten Schrotsäulen. Der Kamin ist beim Rottaler Bauernhaus üblicherweise an einer traufseitigen Außenwand angeordnet. Seine genaue Lage markiert die Wand zwischen Stube und rückwärtiger Küche.

Parzham (Stadt Griesbach im Rottal)
Aufnahme um 1920. An der Wetterseite ist das Rottaler Bauernhaus von 1818 mit Schindeln beschlagen.

Malching
Das Wohnhaus des Gottschaller-Hofes wurde vermutlich im frühen 20. Jahrhundert umgebaut. Dabei wurde der First des Daches gedreht, die Dachneigung wurde für Falzziegeldeckung verstärkt.

Petermühle (Gde. Tiefenbach)
Einer der Besitzer hat auf der Photographie von ca. 1900 vermerkt: „Bauzustand wie beim Kauf 1862."

Krailing (Gde. Windorf)
Der im Erdgeschoß verputzte Holzblockbau mit der Inschrift 1642 zählt zu den ältesten Bauernhäusern in Niederbayern. Als Nebengebäude eines größeren Hofes hat es sich bis in die Gegenwart erhalten. Die integrierten Schrotkonsolen deuten darauf hin, daß der Schrot bereits beim Ursprungsbau errichtet wurde. Die Fenster sind offensichtlich später vergrößert worden.

Gaishofen (Gde. Windorf)
Auch die Fischerhäuser am Nordufer der Donau sind in der Art des „Waldler-Hauses“ errichtet. Neben der Fischerei wurde eine Landwirtschaft betrieben.

Renholding (Gde. Aicha vorm Wald)
Aufnahme um 1920/30. Kleinbauernhaus, Blockbau. Überecklaufender Balusterschrot, Legschindeldach.

Gramming (Gde. Tiefenbach)
Aufnahme 1940/50. Die mit Andreaskreuzen verschlagene Laubenbrüstung ist eine jüngere Zutat an den Blockbau des 18. Jahrhunderts.

△ Wegscheid
Aufnahme 1967. Giebelseitig erschlossenes, erdgeschossiges Wohnstallhaus. Flachgeneigtes Dach, ursprünglich mit Legschindeldeckung. Im Hintergrund etwa gleichzeitig entstandenes Haus mit steilem Schopfwalmdach.

◁ Niederpretz (Markt Hutthurm)
Aufnahme 1986. Eineinhalbgeschossiges Wohnstallstadelgebäude von ca. 1900.

△ Oberdiendorf (Stadt Hauzenberg)
Aufnahme 1920/30. Durch Neu- und Erweiterungsbauten wurden im 18. und 19. Jahrhundert die Dörfer im Bayerischen Wald immer enger und verschachtelter. Der Hof im Vordergrund dieser Aufnahme ist zwischen Austragshaus und Wohnstallhaus durch ein Tor geschlossen.

▷ Haar, Haus-Nr. 5 (Markt Obernzell)
Das 1818 datierte Wohnhaus eines Dreiseithofes besitzt eine reiche klassizistische Putzgliederung aus der Entstehungszeit. Im zweiten Obergeschoß sind Fenster und Fensterläden in ursprünglicher Form erhalten.

Geiersberg (Stadt Hauzenberg)
Aufnahme 1987. Haufenhofanlage mit Wohnstallgebäude in Holzblockbau aus dem 18. Jahrhundert.

Wildenranna (Markt Wegscheid)
Das Straßendorf Wildenranna ist als Ensemble in die Denkmalliste eingetragen. Aufnahme 1983, freigegeben durch die Reg. von Obb.: Nr. GS 300/9373-83. Nach einem Ortsbrand 1898 wurde das Straßenangerdorf in regelmäßiger Weise wieder aufgebaut.

Landkreis Regen

Althütte (Stadt Zwiesel)
Aufnahme 1967. Blech- und Falzziegeldach haben in diesem Jahrhundert die ursprünglichen Legschindeldächer abgelöst.

◁ Abtschlag (Gde. Kirchdorf im Wald) In abenteuerlicher Weise wurde das erdgeschossige Wohnstallhaus des 18. Jahrhunderts aufgestockt. Die Erweiterung ruht an der Giebelseite auf freistehenden Säulen.

▷ Weiler bei Viechtach (?) Aufnahme um 1920 durch den Hausforscher Rudolf Hoferer (?). Bei beiden Wohnstallhäusern ist das Erdgeschoß gemauert, der verzierte Schrot verläuft übereck.

Trametsried (Gde. Kirchdorf im Wald)
Aufnahme um 1950. Das 1961 abgebrannte Wohnstallhaus war inschriftlich auf 1789 datiert. Das gemauerte Erdgeschoß mit dem giebelseitigen Eingang geht vermutlich ebenfalls auf dieses Baudatum zurück.

Bauernhof bei Viechtach (?)
Aufnahme um 1920 durch Rudolf Hoferer (?). Legschindelgedecktes Wohnstallhaus. Zweistöckiger Getreidekasten.

Lindberg
Um 1920 wurde die idyllische Photographie mit Kapelle und Hirtenhaus in Lindberg aufgenommen.

Gehmannsberg (Gde. Rinchnach)
Vierseithof mit Blockbau-Wohnhaus
aus dem 18. Jahrhundert. Aufnahmen
ca. 1978.

Trautmannsried (Gde. Drachselsried)
Aufnahme 1950/60. Inhaus des Kapplhofes, 1. Hälfte des 19. Jahrhunderts.

Trautmannsried (Gde. Drachselsried)
Aufnahme 1920/30. Beim Kapplhof in der Bildmitte ist der Stadel noch mit Stroh gedeckt.

Trautmannsried (Gde. Drachselsried)
Aufnahme 1950/60. Wohnstallhaus des Kapplhofes, das 1978/80 ins Freilichtmuseum Finsterau übertragen wurde. Der Stadel besaß zum Zeitpunkt dieser Aufnahme bereits eine Falzziegeldeckung.

△ Bauernhaus bei Regen
Aufnahme 1936 (?). Bei einem tiefgreifenden Umbau wurde der umlaufende Schrot entfernt.

◁ Katzenbach (Gde. Böbrach)
Aufnahme 1984,
freigegeben durch die Reg. von Obb.: GS 300/9714-84.

Bauernhaus bei Regen (?)
Aufnahme 1935. Backofen und Pumpbrunnen waren am Bauernhof wichtige Einrichtungen zur Selbstversorgung.

Landkreis Rottal-Inn

Untertattenbach,
Haus-Nr. 78
(Markt Birnbach)
Aufnahme um
1925. Rottaler
Bauernhaus,
Blockbau mit
Legschindeldach.

△ Kerneigen (Gde. Wittibreut)
Das Rottaler Bauernhaus vom Kochhof steht seit 1980 im Freilichtmuseum Massing. Das Obergeschoß ist beim sogenannten Rottaler Bauernhaus vollständig ausgebaut. Der Zugang zur Flez liegt an der Giebelseite.

◁ Kerneigen (Gde. Wittibreut)
Die Nebengebäude des Kochhofs sind im 19. und im frühen 20. Jahrhundert vollständig erneuert worden.

△ Neudau (Markt Birnbach)
Photopostkarte mit Poststempel 1909. Das Wohnhaus aus dem 18. Jahrhundert bildet mit den ziegelgemauerten Nebengebäuden aus dem 19. Jahrhundert einen regelmäßigen Vierseithof.

▷ Untertattenbach, Haus-Nr. 77
Aufnahme 1986. Das durch jüngere Nebengebäude eingeengte Wohnhaus wurde 1987 abgebrochen.

Hainthal (Markt Birnbach)
Aufnahme 1986. Eines der besterhaltenen Rottaler Bauernhäuser.

Niedertrennbach (Markt Gangkofen)
Aufnahme um 1920. Wohnstallhaus mit historistischem Dekor, traufseitiger Eingang.

Oberroßbach (Markt Massing)

▷ Guggenberg (Markt Wurmannsquick)
Das Stockhaus aus dem frühen 19. Jahrhundert hat ein gemauertes Erdgeschoß. Aufnahme um 1942. Beim Stockhaus werden Flez und Stube von Kuh- und Pferdestall an den Traufseiten flankiert. Der Giebel ist über der breiten Seite des Hauses errichtet.

△ ◁ Oberroßbach (Markt Massing)
Der Pferdestall des Stockhauses war zum Zeitpunkt der Aufnahme (ca. 1942 durch Theodor Heck) bereits abgebrochen. Der hölzerne Kuhstall hat noch ganz kleine Fenster.

Sillaching (Markt Falkenberg)
Aufnahme 1982. Bei vielen Stockhäusern wurde nachträglich die Firstrichtung des Daches verändert. Dadurch konnte das Obergeschoß vollständig ausgebaut werden.

△ Egelsberg (Markt Wurmannsquick)
Aufnahme um 1942. Vom angebauten Schupfen abgesehen handelt es sich um ein Seitenflurhaus. Wie Stockhaus und Rottaler Bauernhaus ist das Seitenflurhaus des Rottals giebelseitig erschlossen. Es besitzt ein flachgeneigtes Legschindeldach.

◁ Seemannshausen (Markt Gangkofen)
Aufnahme 1942. Das Mittertennhaus der Marxensölde wurde 1983/86 ins Freilichtmuseum Massing übertragen. Der Neubau ist 1812 datiert, 1884 ist inschriftlich ein Umbau belegt.

Hofstetten, Haus-Nr. 45 (Gde. Dietersburg)
Aufnahme 1983. Das Mittertennhaus, bei dem die Tenne zwischen Stall und Wohnteil angeordnet ist, fand besonders bei Kleinbauern Zuspruch.

Landkreis Straubing-Bogen

Taiding (Gde. Oberschneiding)
Traufseitig erschlossener Holzblockbau, zweigeschossig. Schrot an Giebel- und Traufseite. Aufnahme um 1930.

△ Irlbach (Gde. Straßkirchen)
Wohnstallhaus mit gemauertem Erdgeschoß. Vor dem Obergeschoß übereckgeführter Schrot. Steildach ursprünglich mit Krüppelwalm. Gemauertes Backhaus. Aufnahme um 1930.

◁ Schwimmbach, Haus-Nr. 75 (Gde. Leiblfing)
Als einziges Haus aus der Gründungszeit der „Colonie" Schwimmbach im frühen 19. Jahrhundert hat sich das Wohnstallhaus des Löffler-Hofes erhalten. Durch verschiedene An- und Neubauten ist eine unregelmäßige Hofanlage entstanden.

◁ Schwimmbach, Haus-Nr. 49 (Gde. Leiblfing)
In der Streusiedlung Schwimmbach bestand vor 1800 nur ein Anwesen. Als in der neu geschaffenen „Colonie" zahlreiche Kleinbauernhäuser entstanden, errichtete auch der alteingesessene Bauer Sebastian Hiergeist ein neues Wohnstallgebäude nach traditionellem Muster mit umlaufendem, farbig gefaßtem Schrot und flach geneigtem Legschindeldach. Aufnahme 1986.

△ Mariaposching
1934 wurde dieser Weiler photographiert. Unter dem Druck der Brandversicherung hat sich in der 1. Hälfte des 20. Jahrhunderts das Ziegeldach allgemein durchgesetzt. Niedrigere Versicherungsprämien und geringerer Pflegeaufwand rechtfertigten die höheren Kosten für eine Hartdeckung. Das flache Legschindeldach und das steile Strohdach wurden zugunsten eines Ziegeldaches mit mittlerer Dachneigung aufgegeben.

△ ◁ Neukirchen
Eineinhalbgeschossiger Holzblockbau mit Giebellaube, traufseitig erschlossen, Legschindeldach. Aufnahme um 1930.

◁ Haggn (Gde. Neukirchen)
„Waldler-Haus“ auf hohem, gemauertem Sockel. Eineinhalbgeschossig, Giebelschrot. Der Wohnteil ist zur Zeit der Aufnahme (um 1930) bereits mit Falzziegeln eingedeckt, der Stall ist z. T. noch legschindelgedeckt.

△ Inderbogen, Haus-Nr. 2 (Gde. Neukirchen)
Stattliches Wohnstallhaus mit umlaufendem Schrot, Oberbodenschrot und zusätzlichem Schrot an der Traufseite über dem Stall. Ein Teil des Daches ist noch mit Legschindeln gedeckt. Das Haus besteht noch. Aufnahme um 1930.

Prünstfehlburg, Haus-Nr. 3 (Gde. Haibach)
Aufnahme 1986. Offene Dreiseithofanlage mit Wohnstallhaus, Getreidekasten, Stadel und Backofen. Das Hauptgebäude in getünchtem Blockbau auf gemauertem Sockel. Giebelschrot vor schräg ausgeblocktem Giebel.

Auenzell, Haus-Nr. 2 (Gde. Wiesenfelden)
Kleinbauernanwesen, Aufnahme 1983. Wohnteil in getünchtem Blockbau, Giebelschrot abgebrochen. Die sparrenparallele Ausblockung des Giebelfeldes ist typisch für das Waldler-Haus im Altlandkreis Bogen.

Obermühlbach, Bayerweg 1 (Gde. Neukirchen)
Bauernhaus mit Kramerladen, Aufnahme 1987. Das eng an die Fleztür gesetzte Flezfenster ist bei den Bauernhäusern der Region häufig anzutreffen.

Rottendorf (Gde. Loitzendorf)
Die mittelalterliche Siedlung Rottendorf (früher Roggenstorf) bestand ursprünglich aus fünf gleichgroßen Anwesen. 1926 wurde das gemeinschaftliche Hirtenhaus abgebrochen. Drei dieser Anwesen blieben über das 19. Jahrhundert hinaus in fast unveränderter Besitzgröße erhalten. In der Siedlung dominiert das Wohnstallhaus, der Stadel steht frei. Aufnahme 1988.

Beinstreich (Gde. Wiesenfelden)
Aufnahmen 1982. Wohnstallhaus mit Blockbauobergeschoß. Übereck-laufender Schrot mit ornamental gesägten Schrotbrettern. Reiche Zimmermannsmalerei u.a. an der Flugpfette.

Dank

Bauernhausforschung kann über eine größere Region nicht von einem einzelnen betrieben werden. Besonders das Erschließen historischer Photographien, das Aufspüren bei privaten Besitzern und das Vertrauen bei der Ausleihe zur Reproduktion genießen nur die Heimatforscher des engeren Umkreises. Ohne ihre Unterstützung wären die Archive in Finsterau und Massing um vieles ärmer, und auch dieser Band hätte nicht so reich bebildert werden können.

Den Trägern der öffentlichen Archive und den privaten Archivbesitzern dankt der Autor für ihre Bereitschaft und Hilfe. Einigen Personen, die den Autor in besonderer Weise ideell und praktisch unterstützt haben, sei ausdrücklich gedankt:

Siegfried Florschütz, Tiefenbach,
Dr. Johann-Bernhard Haversath, Fürstenzell,
Franz Huber, Train,
Dr. Fritz Markmiller, Dingolfing,
Richard Schaffner, Passau,
Georg Waldemer, München.

Am Aufbau der Archive in Finsterau und Massing, die einmal Grundstock eines Niederbayerischen Bauernhausarchivs sein sollen, waren Rosemarie Frank, Theresia Hartl und Gertrud Kern-Fuggersberger maßgeblich beteiligt.

Franziska Ortmeier (1930-1988) hat die Vorarbeiten zu diesem Buch mit Interesse und Geduld verfolgt.

Ausgewählte Literatur

Bauer, Otto. Das Bauernhaus im Landshuter Raum. In: Freundeskreisblätter 22. 1986, S. 7-42.

Becher, Hans-Dieter. Landshut. Die Stadt Landshut und das Landgericht Rottenburg. (Historischer Atlas von Bayern, Teil Altbayern, Heft 43.) München 1978.

Bleibrunner, Hans. Niederbayern. Kulturgeschichte des Bayerischen Unterlandes. 2 Bde., Landshut 1979 und 1980.

Blickle, Renate. Landgericht Griesbach. (Historischer Atlas von Bayern, Teil Altbayern, Heft 19.) München 1970.

Burkhardt, Manfred. Regen. Landgerichte Zwiesel und Regen, Pfleggericht Weißenstein. (Historischer Atlas von Bayern, Teil Altbayern, Heft 34.) München 1975.

Dahn, Felix. Haus und Wohnung. In: Bavaria, Bd. 1, Abt. 2, 1860, S. 980 bis 989.

Dehio, Georg. Handbuch der Deutschen Kunstdenkmäler. Bayern II: Niederbayern. München, Berlin 1988.

Diepolder, G. Die Orts- und „In-Pago"-Nennungen im bayerischen Stammesherzogtum zur Zeit der Agilolfinger. In: Zeitschrift für Bayerische Landesgeschichte 29, 1957, S. 364-436.

Ders. Altbayerische Laurentiuspatrozinien. In: Schriftenreihe zur Bayerischen Landesgeschichte 62, 1962, S. 371-396.

Drescher, Günter. Geographische Fluruntersuchungen im Niederbayerischen Gäu (= Münchner Geographische Hefte, Heft 13). Kallmünz/Regensburg 1957, S. 78.

Elfinger, Josef. Das Bauen im Altmühl-Jura. In: Verein zur Förderung und Pflege von Altmühl-Jura-Bauten (Hrsg.). Das Altmühl-Jura-Haus. Eichstätt, o. J., S. 4-6.

Engelhardt, Bernd. Das Wohnhaus der römischen Villa von Gemling. In: Bayerisches Landesamt für Denkmalpflege, Gesellschaft für Archäologie in Bayern (Hrsg.): Das archäologische Jahr in Bayern 1983. Stuttgart 1984, S. 111-113.

Fehn, Hans. Einfluß der sozialen Verhältnisse auf die Hausgestaltung im Markt Triftern (Niederbayern). In: Geographische Wochenschrift, 3. Jg., Breslau 1935, S. 161-164.

Ders. Das Siedlungsbild des niederbayerischen Tertiärhügellandes zwischen Isar und Inn. In: Mitteilungen der Geographischen Gesellschaft in München, Bd. 28, München 1935, S. 1-94.

Ders. Niederbayerisches Bauernland. In: Das Bayerland 46, 1935, S. 577-593.

Ders. Planmäßige Gründung von Kleinbauernsiedlungen. In: Geographischer Anzeiger, Heft 36, 1935, S. 183 ff.

Fraundorfer, Josef. Der Bauernhof. In: Historische Heimatblätter. An der unteren Isar und Vils. Verein „Die Förderer", Landau a. d. Isar (Hrsg.).

Freundorfer, Wolfgang. Straubing. Landgericht, Rentkastenamt und Stadt. (Historischer Atlas von Bayern, Teil Altbayern, Heft 32.) München 1974.

Gebhard, Torsten. Der Einödhof Schusteröd in der Gemeinde Massing, Landkreis Eggenfelden. In: Verhandlungen des historischen Vereins für Niederbayern, Bd. 96, 1970, S. 74-99.

Ders. Der Bauernhof in Bayern. München 1975.

Ders. Zu den Hausangaben der lex Bajuvariorum. In: Germania 29, Heft 3/4, 1951, S. 230-235.

Ders. Bauernhofformen und Betriebsgröße in Bayern. In: Bayer. Jahrbuch für Volkskunde 1954, S. 7-17.

Ders. Die Landschaftszeichnungen des Grafen Friedrich Casimir von Ortenburg (1591-1658). Ein Beitrag zur Bildquellenforschung aus volkskundlicher Sicht. In: Bayer. Jahrbuch für Volkskunde 1984, S. 53-62.

Gruß, Ernst. Heimatbuch Altdorf-Engenbach-Pfettrach / 7000 Jahre Geschichte in Wort und Bild. Altdorf 1984.

Hartmann, Ulrich und Heinz Strehler. Bauernhäuser aus Niederbayern

... die es nicht mehr gibt. (= Denkmalpflege Informationen, Ausgabe A, Nr. 61), München 1987.
Hartinger, Walter. Bayerisches Dienstbotenleben auf dem Land vom 16. bis 18. Jh. In: Zeitschrift für bayerische Landesgeschichte, Bd. 38, Heft 2, 1975, S. 598-638.
Haversath, Johann-Bernhard. Die Agrarlandschaft im römischen Deutschland der Kaiserzeit. (Passauer Schriften zur Geographie, Heft 2.) Passau 1984.
Ders. Die planmäßigen ländlichen Siedlungen des 17. und 18. Jahrhunderts im Land der Abtei. In: Ostbairische Grenzmarken. Passauer Jahrbuch für Geschichte, Kunst und Volkskunde, Jg. 28, 1986, S. 92 bis 102.
Ders., Klaus Rother und Ernst Struck. Plansiedlungsformen im südlichen Bayerischen Wald und im Mühlviertel. In: Popp, Herbert (Hrsg.). Geographische Exkursionen im östlichen Bayern. Passau 1987 (= Passauer Schriften zur Geographie, Heft 4), S. 43-66.
Hazzi, Josef R. von. Statistische Aufschlüsse über das Herzogtum Baiern, Bd. III, Abt. 3 (Gerichte Traunstein, Reichenhall, Julbach, Griesbach, Ehring, Vilshofen, Hals). Nürnberg 1804.
Heck, Theodor. Das Stockhausgehöft. In: Bayerisches Jahrbuch für Volkskunde 1950, S. 44-59.
Ders. Das Rottaler oder Innviertler Gehöft. Untersuchungen zu Hoferers Hauslandschaft 4b. In: Bayerisches Jahrbuch für Volkskunde 1955, S. 7-16.
Helwig, Otto. Das Landgericht Landau a. d. Isar. (Historischer Atlas von Bayern, Teil Altbayern, Heft 30.) München 1972.
Heuwieser, M. Die Traditionen des Hochstifts Passau. (Quellen und Erörterungen zur bayerischen Geschichte, N. F. 6.) München 1930.
Hobmeier, K. Das Heim am Hart. Entstehung des Ortes Heimhart aus historisch-geographischer Sicht. (Unveröff. Zulassungsarbeit.) Passau 1987.
Hofbauer, Josef. Die Grafschaft Neuburg am Inn. (Historischer Atlas von Bayern, Teil Altbayern, Heft 20.) München 1969.
Hoferer, Rudolf. Die Bauernhausformen Bayerns. In: Das Bayerland 49, Heft 4, 1938, S. 103-108.
Ders. Der Mittertennbau in Südostdeutschland. In: Bayerische Hefte für Volkskunde 13, Heft 5/6, 1940, S. 70-75.
Ders. Die Wände des Bauernhauses in Bayern. In: Jahrbuch des Bayer. Landesvereins für Heimatschutz 1937, S. 13-17.
Ders. Dachdeckung des Bauernhauses in Bayern um 1810. In: Bayerischer Heimatschutz 31, 1935, S. 36-43.
Huber, Simon. Das niederbayerische Bauernhaus. In: Am stillen Herd. Landshuter Zeitung, 4. 4. 1936.
Jungmann-Stadler, Franziska. Das Landgericht Vilshofen. Der historische Raum der Landgerichte Vilshofen und Osterhofen. (Historischer Atlas von Bayern, Teil Altbayern, Heft 29.) München 1972.
Kasparek, Max Udo und Torsten Gebhard. Niederbayerische Verlassenschaftsinventare des 17. Jahrhunderts. In: Bayerisches Jahrbuch für Volkskunde 1962, S. 201-216.
Die Kunstdenkmäler von Bayern. Band IV Niederbayern, Hefte 1-25. München 1912 ff.
Lidl, Max. Die landwirtschaftlichen Zustände der fruchtbaren Donauebene Niederbayerns. Straubing 1871.
Liedke, Volker. Verlassenschaftsinventare Rottaler Bauern- und Bürgerhäuser des 17. Jahrhunderts. In: Heimat an Rott und Inn 1971, S. 169-210.
Louis, Ilse. Pfarrkirchen. Die Pfleggerichte Reichenberg und Julbach und die Herrschaft Ering-Frauenstein. (Historischer Atlas von Bayern, Teil Altbayern, Heft 31.) München 1973.
Lubos, Rita. Das Landgericht Eggenfelden. (Historischer Atlas von Bayern, Teil Altbayern, Heft 28.) München 1971.
Markmiller, Fritz. Das niederbayerische Hofmarksdorf Martinsbuch im Jahr 1793. Ein Beitrag zur Dorf- und Bauernhofforschung. In: Bayerisches Jahrbuch für Volkskunde 1972/75, S. 76-106.
Ortmeier, Martin. Zum Sachl. Teil 1. Hofgeschichte. Landhut.
Ders. und Georg Baumgartner. Freilichtmuseum Finsterau. (= Bayerische Museen, Bd. 3, Hg. von der Abteilung Nichtstaatliche Museen am Bayerischen Nationalmuseum.) München 1986.
Ders. Die Rekonstruktion eines niederbayerischen Kleinbauernhauses. In: Ostbairische Grenzmarken. Passauer Jahrbuch für Geschichte, Kunst und Volkskunde, Bd. 29, 1987, S. 134-150.
Ders. Ofen und Herd in Niederbayern. Spurenlese. In: Ortmeier, Martin, und Walter Wandling. Keramik in Niederbayern. Landshut 1987, S. 24-40.
Ders. und Georg Baumgartner. Freilichtmuseum Massing. (= Bayerische Museen, Bd. 1, Hg. von der Abteilung Nichtstaatliche Museen am Bayerischen Nationalmuseum.) München 1988.
Penzkofer, Rudolf. Das Landgericht Viechtach und das Pfleggericht Linden. (Historischer Atlas von Bayern, Teil Altbayern, Heft 18.) München 1968.
Pietrusky, Ulrich. Colonien im frühen 19. Jahrhundert. In: Niederbayern Nr. 2, III/1980, S. 86 ff.
Pölsterl, Günther. Mallersdorf. Das Landgericht Kirchberg, die Pfleggerichte Eggmühl und Abbach. (Historischer Atlas von Bayern, Teil Altbayern, Heft 53.) München 1979.
Rose, Klaus. Deggendorf. (Historischer Atlas von Bayern, Teil Altbayern, Heft 27.) München 1971.
Schramek, Josef. Das Böhmerwaldbauernhaus. Prag 1908 (= Beiträge zur deutsch-böhmischen Volkskunde, 9. Bd., 1. Heft.)

Schwarz, Georg. Vilsbiburg. Die Entstehung und Entwicklung der Herrschaftsformen im niederbayerischen Raum zwischen Isar und Rott. (Historischer Atlas von Bayern, Teil Altbayern, Heft 37.) München 1976.
Schweiger, Otto. Das Eggenfeldener Stockhaus. In: Schönere Heimat 58, 1969, S. 389-393.
Ders. Das Mittertennhaus von Amelgering. In: Heimat an Rott und Inn, 1968, S. 125-127.
Spirkner, Berthold. Besiedlung des Amtsgerichtsbezirkes Eggenfelden – geschichtlich und volkskundlich dargestellt. Eggenfelden 1907.
Strobl, Lorenz. Das Rottaler Bauernhaus. In: Bayerische Heimat, Münchener Zeitung, 29. 8. 1933.
Veit, Ludwig. Das Hochstift Passau. (Historischer Atlas von Bayern, Teil Altbayern, Heft 35.) München 1978.
Verband deutscher Architekten- und Ingenieur-Vereine (Hrsg.). Das Bauernhaus im Deutschen Reich und in seinen Grenzgebieten. Kapitel III, Niederbayern (Textband und Atlas). Dresden 1906.
Voit, August. Handbuch der landwirtschaftlichen Baukunst. Erster Theil. Von der Einrichtung und Anordnung der Ställe, Scheuern und Wohnungen überhaupt, dann über zusammengesetzte landwirtschaftliche Gebäude, Bauernhöfe, Brauhäuser, Brandweinbrennereien und andere Bauwerke. München 1817.
Waldemer, Georg. Untersuchungen zu einem Bauernhaustyp des späten 17. Jahrhunderts im Landkreis Passau. In: Ars Bavarica 15/16, 1980, S. 121-126.
Ders. Haus und Hof zwischen Rott und Inn. Die bäuerliche Bauweise um Bad Füssing im 18. und 19. Jahrhundert. In: Schönere Heimat 72, 1983, S. 219-226.
Ders. Hausforschung in Bayern. In: Fehn, Klaus, u. a. (Hrsg.). Siedlungsforschung. Archäologie – Geschichte – Geographie, Bd. 5. Bonn 1987, S. 235-250.
Wulzinger. Historisch-topographisch-statistische Beschreibung des Bezirksamtes Eggenfelden. Regensburg 1878.
Zaborsky, Oskar von. Im alten Waldlerhaus. In: Bayerisches Jahrbuch für Volkskunde. 1952, S. 25-33.

Abbildungsnachweis

Archiv für Hausforschung, München: S. 85, 95 u, 127, 129
Bayerisches Landesamt für Denkmalpflege. Abteilung für Vor- und Frühgeschichte. Luftbildarchäologie (Aufnahmen Otto Braasch): S. 54 u, 87, 123, 134 u
Bayerisches Nationalmuseum, Abteilung Nichtstaatliche Museen (Aufnahmen Kilian Kreilinger): S. 108, 130, 131, 158, 159
Bildarchiv Pfarrkirchen (Kreisarchiv Rottal-Inn): S. 140
Privatarchiv Egon Binder: S. 82, 83
Privatarchiv Dr. Hans Bleibrunner (Repro): S. 19
Kreisarchiv Deggendorf: S. 55 o, 59, 60 u
Stadtarchiv Deggendorf: S. 33, 60 o
Archiv Freilichtmuseum Finsterau: S. 77, 84 u, 117, 132, 133, 157 l
Archiv Freilichtmuseum Finsterau (Aufnahmen Erika Groth-Schmachtenberger): S. 31, 51, 69 u, 71 u, 73, 89, 90, 91, 105, 120 o, 125, 134 o, 135, 153
Archiv Freilichtmuseum Finsterau (Aufnahmen Martin Ortmeier): S. 21, 79, 84 o, 86, 120 u, 121 u, 122, 126 o, 156, 157 r, 157 u
Freilichtmuseum des Bezirks Oberbayern an der Glentleiten: S. 110
Privatarchiv Lambert Grasmann: S. 101, 102, 103
Heimatkundlicher Arbeitskreis Tiefenbach: S. 119 u
Privatarchiv Franz Huber: S. 94, 85 o, 96, 97, 98, 99
Privatarchiv Ludwig Kreiner M. A.: S. 68 u, 72
Kreisarchiv Landshut: S. 106
Staatsarchiv Landshut: S. 39, 45, 104, 109, 111, 149, 152 o, 154, 155
Archiv Freilichtmuseum Massing: S. 37, 66, 69 o, 93 u, 137, 138, 139 o, 141
Archiv Freilichtmuseum Massing (Aufnahmen Alois Brunner): S. 70 o, 74
Archiv Freilichtmuseum Massing (Aufnahmen Gertrud Dilling): S. 145 u
Archiv Freilichtmuseum Massing (Aufnahmen Theodor Heck): S. 68 o, 143, 144, 145 o, 146
Archiv Freilichtmuseum Massing (Aufnahmen Hermann Lichtnecker): S. 92 o
Archiv Freilichtmuseum Massing (Aufnahmen Martin Ortmeier): S. 17, 40, 61, 65, 70 u, 71 o, 75, 92 u, 93 o, 107, 139 u, 152 u
Archiv Freilichtmuseum Massing (Aufnahmen Georg Rettenbeck): S. 43, 147
Privatarchiv Dr. Fritz Markmiller: S. 67
Privatarchiv Dr. Martin Ortmeier: S. 151
Stadtarchiv Passau: S. 13, 20, 25, 28, 29, 47, 49, 58, 113-116, 119 o, 121 o
Diözesanarchiv (Bischöfl. Zentralarchiv) Regensburg (Repro Privatarchiv Dr. Fritz Markmiller): S. 23
Privatarchiv Horst Sauer: S. 126 u
Privatarchiv Josef Stöckbauer (Aufnahmen Josef Stöckbauer d. Ä.): Umschlag S. 1, S. 80, 81
Privatarchiv Manfred Stolper: S. 118
Vermessungsamt Freyung: S. 11
Privatarchiv Michael Westerholz: S. 53, 54 o, 55 u, 56, 57, 62, 63